W0191226

Karriere-DNA
Warum Glück im Job kein Zufall ist

Carmen Schön

KARRIERE-DNA
Warum Glück im Job kein Zufall ist

STARK

Neue Wege entstehen beim Gehen ...
In Liebe für A.

ISBN 978-3-86668-465-2

© 2011 by Stark Verlagsgesellschaft mbH & Co. KG
www.stark-verlag.de
1. Auflage 2011

Inhalt

Einleitung

Sarah aus Berlin berichtete mir in der letzten Woche, wie furchtbar es für sie ist, in Hamburg zu arbeiten, und dass sie nichts mehr hasst als die viele Reiserei von Kunde zu Kunde. Sie vermisst einen ruhigen Arbeitsplatz, um mehr Zeit für ihre Familie zu haben, und sehnt sich nach einer übersichtlichen, kleinen Firma mit flachen Strukturen.

Einen Tag später coachte ich Peter, der unbedingt wieder in seine Heimatstadt nach Norddeutschland umziehen möchte und dem die permanente Büroarbeit ein Dorn im Auge ist. Er wünscht sich mehr Freiheit im Job, direkten Kundenkontakt und die Möglichkeit, ein großes Team zu führen.

Auch Andrea aus Frankfurt ist frustriert, weil sie in einem kleinen mittelständischen Familienunternehmen arbeitet und das Gefühl hat, keine eigenen Projekte selbstständig konzipieren zu können. Ständig mischt sich der Inhaber in ihren Arbeitsbereich ein.

So ähnlich sind meine Erfahrungen, die ich täglich mache. Jeder Mensch hat eine andere Vorstellung von beruflichem Glück. Viele wissen auch gar nicht, was sie glücklich machen könnte. Sie sind erst auf der Suche nach dem richtigen Weg, der sie zu (mehr) Glück und Zufriedenheit führt. Was der eine liebt, mag der andere hassen. Aber es gibt etwas, das die meisten Menschen verbindet, nämlich die Erkenntnis, dass es *den* Job, der per se für berufliche Zufriedenheit steht, nicht gibt. Zu unterschiedlich sind die Ziele, Erwartungen und Bedürfnisse eines jeden Einzelnen. Das Bild des optimalen Berufs ist so individuell wie unsere sonstigen Vorlieben in Bezug auf Kultur, Ernährung, Kleidung oder Hobbys. Einige Menschen lieben das Segeln, andere das Joggen. Manche bevorzugen Urlaub an der See, andere in den Bergen. Fisch, Fleisch oder vegetarisch, jeder von uns mag etwas anderes.

In den beschriebenen Lebensbereichen wird uns ein individueller Geschmack zugestanden. Bei der Auswahl unserer Berufe ist es erstaunlicherweise etwas anders. Unsere Leistungsgesellschaft gibt uns Bilder vor, die quasi Garanten für berufliches Glück sein sollen. Dazu gehören z. B. ein hohes monatliches Einkommen, ein großer Firmenwagen, ein gläsernes Büro in einem Großstadttower oder die Möglichkeit, in ferne Länder zu reisen. Je mehr wir davon haben, desto häufiger ernten wir Unverständnis, wenn wir trotzdem die Unverfrorenheit besitzen, berufliche Unzufriedenheit zu äußern. Wir hören dann Kommentare wie »Du klagst aber auf sehr hohem Niveau, so einen tollen Job wie du hat schließlich nicht jeder«, »Du hast auch immer etwas auszusetzen« oder »Nimm doch einfach mal wahr, wie gut es dir im Vergleich zu anderen geht, und suche nicht immer das Haar in der Suppe!«. Oft stellen wir uns daraufhin selbst die Frage, ob wir wirklich undankbar sind. Und passend dazu suggerieren uns viele Bücher, dass es an uns liegt, wenn wir uns in dem aktuellen Job nicht wohlfühlen. Das Credo lautet: Woanders wird es uns nicht besser gehen. Wir sollen uns lieber den Job, den wir haben, schöngucken und uns auf seine positiven Seiten konzentrieren. Dann wird das mit dem beruflichen Glück schon klappen.

Sicher ist es richtig, dass wir oftmals zufriedener sein könnten, wenn wir uns auf die Vorzüge unserer gegenwärtigen Tätigkeit konzentrieren würden. Letztlich ist das aber ein Konstrukt, das nur kurzfristig wirkt, langfristig aber nicht standhält. Berufliches Glück ist ein subjektives Empfinden, und daher geht es vielmehr darum, herauszufinden, was für *uns* dazu gehört, um im Job zufrieden zu sein. Dafür müssen wir zunächst einmal wissen, wovon die persönliche Zufriedenheit abhängt. Kurz gesagt, es sind drei Faktoren: die beruflichen Werte, die wir leben, das berufliche Ziel, das wir in unserem Leben verfolgen, und schließlich die Rolle(n), die wir im Beruf einnehmen möchten. Erst wenn wir uns darüber klar sind, können wir den dazu passenden Job suchen und finden.

Steht für uns die Familie im Mittelpunkt, werden wir mit großer Wahrscheinlichkeit nicht glücklich werden, wenn wir täglich bis 21.00 Uhr arbeiten müssen oder drei bis fünf Tage in der Woche auf Reisen sind. Ist uns Unabhängigkeit, Kreativität und Gestaltungsfreiheit wichtig, werden wir sicher nicht in einer Verwaltungsbehörde zufrieden sein. Wenn wir gerne im Team arbeiten und uns Harmonie wichtiger ist als Macht, sind wir vermutlich nicht gut in der obersten Führungsetage aufgehoben. Unsere beruflichen Vorlieben machen unsere persönliche Karriere-DNA aus. Glück im Job ist daher kein Zufall, sondern hängt davon ab, wie gut wir unsere Neigungen kennen und ob wir danach auch handeln.

Es geht also zunächst darum, unsere beruflichen Werte, Ziele und Rollen zu analysieren, die sich in unserer individuellen Karriere-DNA widerspiegeln. In einem zweiten Schritt werden wir die DNA von verschiedenen Unternehmenstypen untersuchen und feststellen, welche davon zu uns passt. Denn was nützt uns die Eigenanalyse, wenn wir in einer Firma tätig sind, die eine für uns nicht passende Kultur lebt oder uns eine ungeeignete Position anbietet?

Damit Sie sich einordnen und Ihre Karriere-DNA selbst analysieren können, arbeite ich in diesem Buch mit vielen anschaulichen Beispielen aus meiner Berufspraxis als Business Coach. Umfangreiche Tests unterstützen Sie darin, Ihre Schwerpunkte und Vorlieben zu erkennen. Dieses Buch ist keine theoretische Abhandlung, sondern eine praktische Übungsfibel, die Sie Schritt für Schritt auf dem Weg zu Ihrer beruflichen Zufriedenheit begleiten soll.

Das Ergebnis unserer Untersuchung wird der Schlüssel zu Ihrem individuellen beruflichen Glück sein. Da Sie einen Großteil Ihrer Lebenszeit mit Arbeit verbringen, ist es mehr als gut investierte Zeit, sich diesem Thema zu widmen.

Viel Erfolg dabei!

Carmen Schön,
Hamburg, im Februar 2011

1. KAPITEL

Karriere-DNA – Der Schlüssel zum beruflichen Glück

Der Begriff Karriere-DNA ist Ihnen wahrscheinlich noch nicht begegnet. Es handelt sich hierbei um eine Art Informationsspeicher, der unsere beruflichen Vorlieben abbildet und im Wesentlichen aus drei Faktoren besteht. Nur wenn wir unsere Karriere-DNA entschlüsselt haben und unser Verhalten danach ausrichten, können wir im Berufsleben zufrieden sein. Was bedeutet Glück (im Job) überhaupt und wann stellt sich ein derartiges Gefühl in unserem Leben ein?»Im Job« steht an dieser Stelle bewusst in Klammern, um zu verdeutlichen, dass unsere Zufriedenheit und Ausgeglichenheit immer das Ergebnis eines erfüllten Privat- und Berufslebens ist. Zugegeben, das eine ist nicht komplett vom anderen zu trennen. In diesem Buch widmen wir uns aber der beruflichen Seite, wobei auch vieles von dem hier Gesagten auf Ihr privates Leben anwendbar ist.

Glück ist ein Zustand, der sich immer dann einstellt, wenn wir mit dem zufrieden sind, was wir haben. Das heißt, wir sind nicht damit beschäftigt, nach anderem zu streben, sondern konzentrieren uns auf das, was vorhanden ist. Welch eine schöne Vorstellung!

Daran schließt sich die Frage an, ob wir zu unserem beruflichen Glück aktiv etwas beitragen können. Wir alle wissen, dass wir für unsere Ausgeglichenheit etwas tun können. Warum sonst gibt es unzählige Angebote wie autogenes Training, Yoga oder Meditation, die uns dabei unterstützen sollen, unser inneres Gleichgewicht zu finden? Diese Übungen bezwecken also die Wiederherstellung einer Balance zwischen Körper, Geist und Seele. Berufliches Glück stellt sich dadurch aber nicht automatisch ein.

Wir sind mit unserem Beruf zufrieden, wenn wir das ausleben können, was uns wirklich wichtig ist, was für uns eine Bedeutung hat und unserem Leben einen Sinn gibt. Wenn uns das gelingt, wollen wir nichts anderes, sondern sind einverstanden mit dem, was da ist und uns geboten wird.

Wir können für unser berufliches Glück etwas tun. Dabei geht es nicht um Quantität, sondern um Qualität. Es wird uns in den wenigsten Fällen weiterbringen, wenn wir alles Mögliche ausprobieren. Es ist besser, strategisch vorzugehen. Zunächst gilt es, herauszufinden, was uns im Beruf wichtig ist.

Das ist aber nur der erste Schritt. Genauso entscheidend ist es, zu erkennen, welche berufliche Tätigkeit bzw. welche Firma zu uns passt und unsere Werte verkörpert.

Stellen Sie sich vor, dass für Sie das Familienleben sehr wichtig ist und Sie sich nach einer gewissen Sicherheit im Job sehnen. Nun arbeiten Sie aber in einem IT-Unternehmen, das von Ihnen täglich zwölf Stunden Arbeit erwartet, manchmal sogar zusätzliche Stunden an den Wochenenden. Ihren Urlaub konnten Sie schon seit zwei Jahren nicht mehr nehmen. Permanent verändern sich die Strukturen in der Firma, und Sie können noch nicht voraussagen, wo Sie in einem Jahr landen werden. Mit hoher Wahrscheinlichkeit werden Sie in so einem Job nie zufrieden sein, denn er passt nicht zu dem, was Ihnen wichtig ist.

Oder Sie lieben es, Produkte herzustellen, zu verfolgen, wie etwas entsteht, und Sie packen gerne mal mit an. Nun sind Sie befördert worden und den ganzen Tag damit beschäftigt, Menschen zu führen. Sie sind weit entfernt von der eigentlichen Produktion tätig und merken, dass Ihnen genau das für Ihr berufliches Glück fehlt. Sie haben am Monatsende zwar etwas mehr Geld auf dem Konto, aber das allein motiviert Sie nicht, weil Sie sich 20 Arbeitstage im Monat mit Tätigkeiten auseinandersetzen müssen, die Sie nicht erfüllen.

Um im Job glücklich zu werden, ist es zunächst einmal wichtig, dass Sie die Bestandteile Ihrer Karriere-DNA analysieren. Das allein reicht aber nicht aus. Um Ihre beruflichen Vorlieben auch umsetzen zu können, brauchen Sie ein Umfeld, das zu Ihnen passt. Da jedes Unternehmen anders tickt, müssen Sie sich also auch Ihre Firma genau ansehen. Deren Kultur und Gebräuche spiegeln sich in der Unternehmens-DNA wider.

Karriere-DNA	Unternehmens-DNA

Nur wenn Sie Ihre Karriere-DNA kennen, die DNA einer Firma lesen können und beides zusammenpasst, werden Sie im Job dauerhaft zufrieden sein. Was genau sich hinter diesen Begriffen im Einzelnen verbirgt, erfahren Sie in den nächsten Kapiteln.

Was bedeutet Karriere-DNA?

Den Begriff DNA in einem Berufs- und Karriereratgeber zu finden mag Sie vielleicht überraschen. Wahrscheinlich assoziieren Sie hiermit Themen aus der Medizin oder Biologie. Die Bilder der menschlichen DNA sind bekannt, ein in sich selbst gedrehter, oftmals sehr farbenfroh dargestellter Strang, der Ihr genetisches Erbgut enthält. Auf dem alles gespeichert sein soll, was Sie als Individuum ausmacht. Ihre DNA macht spezifische Prägungen, Stärken, Schwächen und Krankheiten erkennbar. Ein Tropfen Blut, ein Haar oder ein wenig Speichel genügen, um sie zu entschlüsseln. Sie ist etwas Großes und Einzigartiges im Leben eines Menschen!

In Anlehnung an dieses Bild könnten Sie sich vorstellen, dass Sie auch für die Wahl Ihres Berufs eine Art genetischen Baukasten besitzen, der vorgibt, welche Karriere für Sie die richtige ist.

Wenn Ihre DNA diese Information enthalten würde, dann wäre es einfach, einen Mediziner zu bitten, Ihre Karriere-DNA mithilfe eines Ihrer Haare oder einer Blutprobe zu entschlüsseln und Ihnen das Ergebnis zu präsentieren. In diesem Fall würde Ihnen quasi ein Fachmann sagen, welchen beruflichen Weg Sie einschlagen sollten. Sie wären jegliche Verantwortung los, und wenn Sie feststellen müssten, dass dieser Weg nicht zu Ihrem beruflichen Glück führt, dann würden Sie einfach den Arzt wegen fehlerhafter Behandlung verklagen und Nachbesserung fordern. Sie wären also nicht selbst schuld, wenn es Ihnen beruflich nicht gut ginge.

Leider folgt die bittere Erkenntnis, dass bislang noch kein Gen entschlüsselt wurde, das für unsere berufliche Zufriedenheit zuständig ist und uns Informationen gibt, was wir dafür tun können. Doch wofür steht dann der Begriff Karriere-DNA?

Die Karriere-DNA bringt Folgendes zum Ausdruck: Jeder Mensch ist individuell, und *der* einzig wahre Weg zum beruflichen Glück existiert nicht. Zufriedenheit ist aber auch nicht vom Zufall abhängig, sondern es gibt klare, mittlerweile wissenschaftlich fundierte Faktoren, die hierfür eine wesentliche Rolle spielen.

Jeder Mensch ist individuell, und *der* einzig wahre Weg zum beruflichen Glück existiert nicht.

Es gibt stereotype Vorstellungen, die für Karriere und beruflichen Erfolg stehen, der uns gesellschaftliche Anerkennung verschafft. Darin sind wir uns sicher alle einig. Wer Arzt, Rechtsanwalt, Pfarrer, Lehrer, Vorstand, Geschäftsführer oder Führungskraft ist, der hat es geschafft. Zumindest dann, wenn man der Meinung des Großteils der Bevölkerung glauben darf. Ähnlich sieht es aus, wenn bei uns zu Hause der Porsche 911, Audi Q 5 oder 5er-BMW vor der Tür steht, wenn wir beruflich viel ins Ausland reisen, Mitglied in einem anerkannten Netzwerk sind oder der richtige Titel auf unserer Visitenkarte steht.

Alle diese vermeintlichen Vorzüge garantieren uns aber nicht automatisch auch Zufriedenheit im Beruf, die immer von einer ganz individuellen Betrachtung und Bewertung abhängt. Jeder Mensch hat einen anderen Bauplan für sein berufliches Glück. Gesellschaftlich anerkannter Erfolg ist nicht gleichzusetzen mit Zufriedenheit. Es kann, muss aber nicht das Gleiche sein!

Sie tragen die Informationen darüber, welchen beruflichen Weg Sie einschlagen sollten, um glücklich zu werden, bereits in sich. Sie müssen diese Informationen nur noch auswerten und richtig einsetzen.

Berufliches Glück ist nicht vom Zufall abhängig! Sie sind dann im Job zufrieden, wenn Ihre Karriere-DNA zur Unternehmens-DNA passt.

Jeder Mensch hat eine andere individuelle Karriere-DNA. Sie enthält alle Informationen, die Sie benötigen, um den für Sie richtigen beruflichen Weg zu wählen. Entscheidend für Ihre Zufriedenheit ist es, dass Sie diese Informationen deuten können und eine Tätigkeit finden, in der Sie das leben können, was für Sie wichtig ist.

Bausteine der Karriere-DNA

Wenn wir diesen Gedanken aufnehmen und weiter verfolgen, dann geht es im ersten Schritt also darum, die Bausteine der Karriere-DNA kennenzulernen. Sie besteht bei allen Menschen aus folgenden drei Elementen:

- **Berufliche Werte**
- **Berufliche Ziele**
- **Berufliche Rolle(n)**

Diese drei Faktoren sollten wir uns ganz genau ansehen.

Berufliche Werte

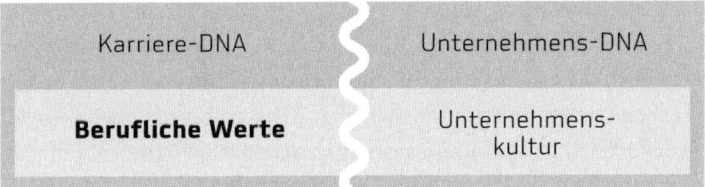

Was sind (berufliche) Werte? Auch hier sollen die Klammern wieder verdeutlichen, dass sich Werte, die wir leben, oft nicht konsequent nach Privat- und Berufsleben unterscheiden lassen. Sie sind immer – wenn auch unbewusst – präsent und bestimmen unser Handeln.

Wenn uns etwas wichtig ist und wir versuchen, damit im Einklang zu leben, dann stellt das für uns einen Wert dar. Wir orientierten uns an unseren Werten und streben danach, sie jederzeit in unser Handeln zu integrieren.

Wir wissen oder ahnen es: Werte sind in unserem Leben etwas ganz Gravierendes. Vielleicht können wir sogar behaupten, dass sie eine Art zentrales Nervensystem sind, das unser Leben (bewusst oder unbewusst) steuert. Werte sind nicht starr, sondern verändern sich im Laufe der Zeit. Sie entstehen zunächst durch die Sozialisation in der Familie. Mutter und

Vater zeigen uns, was im Leben wichtig und richtig ist. Verbindlichkeit, Selbstverwirklichung oder Sicherheit – alle Eltern leben ihren Kindern etwas anderes vor. Und zwar die Werte, die sie selbst kennengelernt und die sich für ihr Leben als sinnvoll herausgestellt haben. Dann folgen Einflüsse aus dem Umfeld z. B. durch Nachbarn, Freunde, Kindergarten und Schule. Auch dort wird uns gesagt, woran wir uns zu halten haben und was man tut oder auch besser sein lässt. Und letztlich beeinflussen uns natürlich auch die Medien ganz entscheidend. Radio, Fernsehen und Internet teilen uns auf sehr subtile, aber wirkungsvolle Art und Weise mit, welche Werte in der Gesellschaft gerade angesagt und akzeptiert sind.

Man geht davon aus, dass uns in den ersten zwölf Lebensjahren die wesentlichen Werte vermittelt werden, die zunächst die Grundprägung unserer Persönlichkeit ausmachen. Auch später findet natürlich noch eine weitere Prägung statt, allerdings sind die entscheidenden Bausteine in den ersten Jahren gesetzt worden.

Berufliche Werte orientieren sich auch an den gesellschaftlichen Gegebenheiten. Als ich Ende der 80er anfing zu studieren, wollten die meisten Studenten etwas in der Gesellschaft bewirken und verändern – und waren am alternativen Milieu interessiert. Wenn ich heute, 20 Jahre später, als Dozentin vorne stehe, dann stelle ich fest, dass die Studierenden sehr auf Sicherheit fixiert sind. Ihnen geht es darum, sich überhaupt erst einmal in der Gesellschaft zu etablieren und einen Job zu finden.

Wenn wir unser Leben als ein Haus betrachten, dann bilden unsere Werte das massive Fundament, das benötigt wird, um Säulen, Wände und das Dach zu tragen. Insofern ist es von essenzieller Bedeutung, dass wir unsere Werte kennen. Nur dann können wir ein Haus bauen, das stabil und sicher steht und den einen oder anderen Sturm verkraftet.

Werte sind so etwas wie die Basis unseres Lebenshauses. Aufgrund unserer Sozialisation haben wir alle verschiedene Werte, die sich im Laufe der Zeit durch Erfahrungen und gesellschaftlichen Wandel verändern können. Private und berufliche Werte sind nur schwer voneinander zu unterscheiden. Sie sind in jeder Minute – wenn auch unbewusst – präsent und bestimmen unser Verhalten.

Beim Thema Werte wird immer wieder der amerikanische Motivationsforscher und Psychologe Steven Reiss genannt. In einer groß angelegten Untersuchung hat er herausgefunden, dass Menschen unterschiedliche Werte und Auffassungen darüber haben, wie das Leben sein sollte. Reiss hat 16 Grundbedürfnisse bzw. Werte und Motive definiert, die für den Menschen wichtig sind (*Steven Reiss: Das Reiss Profile, Offenbach 2009*).

Da Reiss in seiner Studie nicht zwischen privaten und beruflichen Werten unterscheidet, sind seine Kategorien für unsere Zwecke nicht ganz passend. Zwar ist diese Unterscheidung, wie bereits erwähnt, nicht immer ganz einfach, dennoch wollen wir uns in diesem Buch auf die berufliche Seite konzentrieren und benötigen daher eine andere Zuordnung.

Ich habe die Werte, die aus meiner Sicht für Ihre Berufswahl eine Rolle spielen, den folgenden vier Kategorien zugeordnet:

- ICH-Werte
- WIR-Werte
- SICHERHEITS-Werte
- ABENTEUER-Werte

Im Laufe meiner Coachingarbeit haben sich diese vier Kategorien als sinnvolle Wertegruppen herausgestellt, die das Fundament unseres beruflichen Lebenshauses bilden. Sie setzen sich zusammen aus folgenden Einzelwerten:

Gruppe 1:	ICH-Werte
	• Macht
	• Anerkennung
Gruppe 2:	WIR-Werte
	• Familie
	• Harmonie
Gruppe 3:	SICHERHEITS-Werte
	• Ordnung
	• Beständigkeit
Gruppe 4:	ABENTEUER-Werte
	• Unabhängigkeit
	• Neugier

Jeder von uns trägt alle Werte in sich. Aber bei genauerer Betrachtung werden wir sicherlich einige finden, die bei uns stärker ausgeprägt sind als andere. Bevor wir unsere Werte untersuchen, wollen wir zunächst definieren, was jeder einzelne bedeutet und welche Eigenschaften sich dahinter verbergen.

Gruppe 1: ICH-Werte

Das Wort »ICH« beschreibt sehr treffend, worum es in dieser Wertegruppe geht: um das eigene Ego. Für einige Menschen ist es sehr wichtig, dass die eigene Person mit all ihren Fähigkeiten und Stärken, aber auch Befindlichkeiten und Wünschen im Mittelpunkt des Lebens steht. Glaubt man dem Zukunftsforscher Matthias Horx und den unzähligen Artikeln in Zeitschriften, so scheint die Konzentration auf das eigene Ego in unserer Gesellschaft mittlerweile ein neuer Trend zu sein. Ob das tatsächlich so ist, mag jeder für sich selbst entscheiden. Wichtiger ist hier vielmehr die Frage, welche Werte zu dieser Gruppe zählen. Es sind u. a. die Werte Macht und Anerkennung, aber auch Status und Prestige. Exemplarisch möchte ich die ersten beiden Werte der Gruppe 1 gerne näher beschreiben.

Macht

Macht zu haben bedeutet, auf Menschen oder Prozesse Einfluss zu nehmen. Sie kann um ihrer selbst willen ausgeübt werden oder um ein bestimmtes Ziel zu erreichen. Menschen, denen dieser Wert wichtig ist, streben nach Erfolg und haben einen starken Leistungsgedanken. Macht drückt sich u. a. über Statussymbole aus, die nonverbal zeigen, wer über wie viel Prestige und Autorität verfügt. Dazu zählen z. B. die Berufs- oder Positionsbezeichnung, der Firmenwagen, das Büro und dessen Ausstattung, die Kleidung sowie die Entscheidungsbefugnisse, die man in einem Unternehmen hat.

Herbert, 44 Jahre alt und mittlerweile seit sechs Jahren in seinem Unternehmen tätig, sagt: »Vor einigen Wochen bin ich zum Leiter des Controllings befördert worden. Ich freue mich zwar über die damit verbundene Gehaltserhöhung, ansonsten fühle ich mich aber in meiner neuen Position nicht wirklich wohl. Es arbeiten 20 Leute unter mir, und gleich am ersten Tag meiner Beförderung wurde von mir verlangt, dass ich einem Mitarbeiter kündige. Die gesamte Abteilung soll ich restrukturieren. Ich merke jetzt, dass ich mich im Team deutlich wohler gefühlt habe. Als Führungskraft bin ich nun kein Teammitglied mehr, zumindest habe ich diesen Eindruck. Wenn alle abends nach der Arbeit noch ein Bier trinken gehen, werde ich nicht mehr gefragt.

Ich weiß, dass Einsamkeit der Preis ist, den viele Führungskräfte zahlen. Aber ich kann mich nur schwer damit abfinden und wünsche mir alte Verhältnisse zurück. Entscheidungen treffen, die Richtung vorgeben, Konsequenzen ziehen, all das ist nicht meine Stärke. Wenn ich mit anderen Abteilungsleitern in Meetings sitze, merke ich schnell, dass ich nicht dazugehören möchte. Das ›Gebuhle‹ um Statussymbole ist mir sogar peinlich. Da geht es um Firmenwagen, Mitgliedschaften und die Größe des Büros, in dem man arbeitet.

Ich habe mich in meiner gesamten Berufslaufbahn immer sehr über meine Leistung und Arbeit definiert. Das Vorzeigen von Statussymbolen und auch das Ausüben von Macht sind mir dagegen völlig fremd und auch zuwider. Das scheinen meine Kollegen zu merken, und da ich anders bin und mich nicht an die Regeln halte, werde ich meistens ignoriert. Ich habe im Prinzip keinen Ansprechpartner mehr. Ich gehöre nicht mehr ins Team und auch nicht in die Runde der anderen Führungskräfte.«

Anna, 32 Jahre, äußert sich dagegen folgendermaßen: »Ich bin Personalreferentin in einem Kieler Unternehmen. Das Team, in dem ich arbeite, besteht aus fünf Mitarbeitern. Mein Chef wird vermutlich seinen Job wechseln, und dann wird seine Stelle vakant werden. Schon seit einigen Wochen überlege ich fieberhaft, wie ich mich für diese Position empfehlen kann. Eins ist klar, ich möchte aufsteigen. Macht zu haben bedeutet mir viel, das gebe ich offen zu. Ich fälle gern Entscheidungen, trage auch gern Verantwortung und habe Spaß daran, etwas Neues zu gestalten. Das motiviert mich in meinem Job ungemein. Und auch den damit verbundenen Status verachte ich nicht ... Ein größeres Büro fände ich super, ebenso den neuen Titel, und insgeheim liebäugele ich auch schon lange mit einem größeren Firmenwagen. Ich weiß ganz genau, dass ich diese Veränderung will, und fühle mich für die damit verbundenen Herausforderungen gewappnet.«

Herbert und Anna sind zwei Menschen mit unterschiedlich stark ausgeprägter Neigung zur Macht. Um sein berufliches Glück zu finden, wäre es für Herbert wichtig, nach einer Tätigkeit zu suchen, in der er im Team arbeiten kann. Führungskraft ist für ihn vielleicht nicht die richtige Position. Anna sollte sich dagegen bemühen, entweder im jetzigen oder in einem anderen Unternehmen aufzusteigen.

Anerkennung

Natürlich möchte jeder von uns im Beruf für seine Leistung anerkannt werden. Anerkennung und Wertschätzung unserer Arbeit sind menschliche Grundbedürfnisse. Aber es gibt Personen, für die (ausgesprochene) Anerkennung wichtiger ist als für andere und die ihre berufliche Zufriedenheit wesentlich daran festmachen. Berufliche Anerkennung erfolgt über positives Feedback vom Vorgesetzten und den Kollegen, vielleicht auch von Kunden und Dienstleistern. Auch eine Gehaltserhöhung oder ein Mitarbeiterincentive können eine Form von Anerkennung darstellen.

Frauke, 42 Jahre alt und wohnhaft in Frankfurt, sagt: »Ich bin Projektmitarbeiterin in einem mittelständischen Unternehmen. Meine Aufgaben und Projekte führe ich selbstständig durch, dabei halte ich die internen und externen Fristen immer ein. Ich freue mich persönlich über jede abgeschlossene Anfrage, und bislang ist noch keines meiner Arbeitsergebnisse infrage gestellt worden. Eigentlich könnte ich mit meinem Job zufrieden sein. Ich merke aber mehr und mehr, dass mir etwas Entscheidendes fehlt. Auch wenn ich weiß, dass man in den meisten Firmen nicht erwarten kann, für gute Leistung gelobt zu werden, stellt das für mich einen wichtigen Motivator dar. Ich wäre bereit, noch viel mehr Einsatz für mein Unternehmen zu bringen, wenn ich zwischendurch einfach mal ein positives Feedback, ein Dankeschön oder ein ›Haben Sie gut gemacht‹ hören würde. Aber das scheint bei uns nicht Firmenkultur zu sein, und daher muss ich mich wohl damit abfinden. Die Unzufriedenheit in meinem Job wächst aber von Tag zu Tag.«

Clemens, 36 Jahre alt und in Berlin ansässig, meint hierzu: »Ich bin Ingenieur und bei einem Automobilzulieferer angestellt. Da bin ich Teil eines Entwicklungsteams und beschäftige mich mit neuen Innovationen. Oft arbeite ich tagelang allein vor mich hin und habe dabei nur selten regelmäßigen Kontakt mit anderen Kollegen und meinem Vorgesetzten. Wenn ich in ein Projekt vertieft bin, geht es in erster Linie um das Austüfteln neuer Möglichkeiten. Das macht mir viel Spaß. Zwar bekomme ich weder von den Kollegen noch von meinem Chef positive Rückmeldung bei guten Ergebnissen, das ist mir aber auch nicht so wichtig. Meine Befriedigung ziehe ich aus dem, was ich geleistet habe. Ich weiß, wann ich gut gearbeitet habe. Dann kann ich mir auch selbst auf die Schulter klopfen. Die

Anerkennung von außen bedeutet mir nicht viel. Allein die Tatsache, dass meine Ergebnisse in ein neues Produkt fließen, das irgendwann Marktreife erlangt, ist für mich Wertschätzung und Lob genug.«

Zwei verschiedene Persönlichkeitstypen, bei denen der Wert der beruflichen Anerkennung unterschiedliche Gewichtung im Leben hat. Für Frauke ist es von Bedeutung, dass ihre Arbeitsergebnisse von der Firma entsprechend gelobt und wertgeschätzt werden. Anerkennung spielt für sie in ihrem beruflichen Lebensfundament eine wesentliche Rolle und ist daher als Wert in ihrer Karriere-DNA ganz sicher enthalten. Anders bei Clemens. Er zieht seine Zufriedenheit aus seiner Arbeit. Bestätigung gibt er sich selbst, weshalb er nicht auf das Feedback seines Arbeitgebers angewiesen ist. Anerkennung zählt somit nicht zu den wesentlichen Faktoren, die zu seinem beruflichen Glück beitragen.

Gruppe 2: WIR-Werte

Das scheinbare Gegenteil von den ICH-Werten sind die WIR-Werte. Scheinbar, da sich beide Wertegruppen nicht gegenseitig ausschließen müssen. Jeder Mensch strebt nach Individualität und nach Gruppenzugehörigkeit. Die Art des Ausmaßes ist aber bei jedem unterschiedlich. Zu den WIR-Werten gehören u. a. Familie und Harmonie, die ich gleich erläutern möchte, aber auch Beziehungen und Lebensqualität.

Familie

Der Wert Familie ist beruflich unter zwei verschiedenen Aspekten relevant. Menschen, denen ihre Familie wichtig ist und die viel Zeit mit ihr verbringen möchten, setzen ihre Priorität eindeutig auf das Privat- und nicht auf das Berufsleben. Das hat auf die Wahl des Jobs und auch des Unternehmens eine große Auswirkung, zu der wir später kommen werden.

Familie kann als Wert aber auch dahin gehend verstanden werden, dass es wichtig ist, sich als Mitarbeiter in einem Unternehmen zu Hause zu fühlen. Gerade in inhabergeführten Firmen werden die Angestellten oftmals wie Familienmitglieder behandelt. Hier herrscht eine besondere, vertrauensvolle und private Atmosphäre.

Stefanie, 38 Jahre alt, sagt:»Seit fünf Jahren bin ich jetzt Vorstandsassistentin in einem Münchner Unternehmen. Mein Arbeitstag beginnt um 8.00 und endet selten vor 20.00 Uhr. Manchmal bekomme ich morgens auch schon um 6.00 oder 7.00 Uhr den ersten Anruf von meinem Chef, der gerade am Flughafen sitzt. Auch abends, wenn ich bereits zu Hause bin, oder am Wochenende kommt es vor, dass mich der Vorstand anruft. Die Arbeit macht mir zwar Spaß, aber eigentlich habe ich eine andere Vorstellung von meinem Leben.

Ich habe seit zwei Jahren einen festen Partner, der als Berater beruflich viel unterwegs ist. Ich wünsche mir Kinder und würde auch als Mutter gerne parallel weiterarbeiten. Das Szenario, wie es wäre, nach dem Mutterschutz wieder zurück in die Firma zu kommen, mag ich mir allerdings gar nicht ausmalen. Mein Freund wird sich nicht um das Kind kümmern können, dafür ist er zu selten da. Dazu kommt, dass er es sich nur schwer vorstellen kann, die Rolle des Hausmanns zu übernehmen. Das wäre auch nicht klug, denn er bringt mehr Geld nach Hause als ich. Meine Mutter würde sich zwar auch als Betreuerin anbieten, aber bestimmt nicht rund um die Uhr. Außerdem frage ich mich, was ich von meinem Kind eigentlich habe, wenn ich jeden Tage 12 Stunden arbeite.

Diese Gedanken lassen eigentlich nur einen Schluss zu: dass ich meinen Job wechseln muss. Familie ist mir nun einmal wichtig, viel wichtiger als mein Beruf. Ideal wäre für mich eine Tätigkeit mit Gleitzeit oder aber ein Job, bei dem ich jeden Tag pünktlich um 16.00 oder 17.00 Uhr das Büro verlassen kann. Das ist in meiner jetzigen Position aber nicht möglich.«

Michael, 29 Jahre, sagt:»Nach meiner Ausbildung zum kaufmännischen Angestellten habe ich drei Jahre in einem kleinen Betrieb in meiner Heimatstadt Gütersloh gearbeitet. Dort führt noch der Inhaber das Unternehmen, und die 80 Mitarbeiter gehören quasi alle zur Firmenfamilie. Hier habe ich mich immer sehr wohlgefühlt. Der Chef der Firma hat mich vom ersten Tag an gefördert. Und auch sonst war die Stimmung gut. Ältere Mitarbeiter wurden nicht abgebaut. Sie gehörten zur Firmengeschichte und -kultur. Hin und wieder gab es kleine Aufmerksamkeiten des Inhabers, der manchmal Kuchen oder auch Eis mitbrachte. Beim gemeinsamen Kaffeeplausch erzählte er so einiges über seine Frau und seine Kinder und zeigte Urlaubsbilder. Seine Ehefrau arbeitete als Buchhalterin im selben Unternehmen, und auch die Kinder machten dort Praktika oder verdienten sich in den Schul- oder Semesterferien den einen oder anderen Euro. Insgesamt war alles übersichtlich, und es herrschte, trotz Marktdruck, eine warme und familiäre Atmosphäre.

Vor einem halben Jahr habe ich mich trotzdem entschlossen, die Firma zu verlassen. Ich bekam ein Angebot eines großen Hamburger Unternehmens – eine tolle Möglichkeit, das Konzernleben kennenzulernen und Karriere zu machen. Außerdem zahlte das Unternehmen deutlich mehr Gehalt. Schweren Herzens trennte ich mich daher von meiner Heimatstadt und zog nach Hamburg.

Leider stellte sich das Ganze relativ schnell als eine falsche Entscheidung heraus. Nach nur wenigen Wochen musste ich feststellen, dass ich an meinem neuen Arbeitsplatz nicht glücklich werden würde. Zwar war und ist die Arbeit für mich so weit in Ordnung und auch interessant, ich komme aber nicht mit der Größe und der damit verbundenen Anonymität in der Firma zurecht. Die Arbeitsatmosphäre ist kühl und abweisend. Eben ganz anders als in meinem vorherigen Job. Es geht den ganzen Tag nur um Zahlen und Firmenpolitik, mir fehlt hier einfach die Menschlichkeit. Ich hätte nie gedacht, dass mir das im Job so wichtig ist! Mittlerweile überlege ich, ob ich kündigen und zu meinem alten Arbeitgeber zurückgehen soll.«

Sowohl Stefanie als auch Michael haben in ihrer Karriere-DNA eine starke Ausprägung des Wertes Familie, wenn auch in einer jeweils etwas anderen Bedeutung. Stefanie geht es um Zeit für die eigene Familie, Michael möchte sich als Mitarbeiter in einem Unternehmen gerne familiär eingebunden fühlen. Beide werden mit ihrem aktuellen Job dauerhaft nicht glücklich sein, es sei denn, der Wert Familie verliert für sie im Laufe der Zeit an Bedeutung.

Harmonie

Harmonie und Beruf mögen sich im ersten Moment etwas widersprechen. Im Job findet man selten Harmonie und Ausgeglichenheit, da man sich täglich mit vielen Menschen und unterschiedlichen Interessen auseinandersetzen muss. Trotzdem gibt es Berufe und Positionen, in denen es ruhiger und harmonischer zugeht als in anderen.

Kerstin sagt:»Ich war schon immer ein Mensch, für den Ruhe und Harmonie einen hohen Stellenwert hatten. Bereits als Kind und auch später als Erwachsene habe ich mich nur dann richtig wohlgefühlt, wenn das Drumherum eine entspannte Atmosphäre zugelassen hat. Auf Hektik reagiere ich mit heftiger Abwehr. Ich habe mir immer Arbeitsbereiche gesucht, in denen Harmonie und Entspanntheit einen wesentlichen Platz einnehmen. Ganz sicher hat das für die Wahl meines jetzigen Jobs auch eine wesentliche Rolle gespielt. Ich bin angestellte Yogalehrerin. Das bringt zwar nicht viel Geld, und zwischenzeitlich habe ich überlegt, ob ich ein eigenes Yogazentrum gründen sollte. Aber der damit verbundene Stress und die unternehmerische Aktivität würden mir nicht guttun, das weiß ich genau. Ich beschäftige mich in meinen Kursen mit dem, was mir wichtig ist: der Zentrierung im Leben. Das mag für einige zu wenig sein, aber es passt genau in mein persönliches und berufliches Lebenskonzept.«

Roman meint:»Ich habe einige Zeit im Vertrieb eines Start-ups gearbeitet. Dort war es alles andere als ruhig und harmonisch. Von Anfang an stand ich unter enormem Erfolgsdruck. Das Unternehmen musste sich erst einmal am Markt positionieren, und das bedeutete, jeden Tag flexibel auf das zu reagieren, was gerade anlag. Drei Jahre lang habe ich das mitgemacht,

Karriere-DNA – Der Schlüssel zum beruflichen Glück

dann aber gemerkt, dass ich doch eher ruhigeres Fahrwasser in einem Unternehmen bevorzuge. In der Hoffnung, genau das zu finden, wechselte ich in ein Familienunternehmen. Ich war mir sicher, dass es mir die Harmonie und Ruhe geben würde, nach der ich gesucht hatte. Doch es kam dann doch ganz anders als geplant. Der Arbeitsplatz war und ist erheblich ruhiger und auch weniger dynamisch, als mir eigentlich lieb ist. In den ersten Wochen war es ja noch ganz erholsam, endlich mal den permanenten beruflichen Stress hinter mir zu lassen. Zwar gab es auch einiges in der neuen Firma zu tun, das Tempo war mit meiner alten Arbeitsstelle jedoch nicht zu vergleichen. Nach vier Wochen merkte ich, dass es mir zu ruhig wurde und ich vergeblich nach neuen Projekten und Aufgaben suchte.

Heute, drei Monate nach meinem Wechsel, bin ich der festen Überzeugung, dass der neue Job nicht zu mir passt. Ich wollte zwar etwas mehr Ruhe, aber das hat schließlich auch Grenzen. Ein wenig Bewegung und Dynamik müssen trotzdem sein, da gibt es doch bestimmt irgendwo auch einen Mittelweg. Leider bin ich nun schon wieder auf der Suche nach einer neuen beruflichen Herausforderung!«

Kerstin legt viel Wert auf Harmonie und Ruhe. Auch für Roman ist dieses Grundbedürfnis wichtig, aber eher in einer mittleren Ausprägung. Kerstin hat den für sie richtigen und passenden Beruf gefunden, zumindest dann, wenn man nur den Wert Harmonie auf ihrer Karriere-DNA betrachtet.

Roman wird sich noch einmal verändern müssen und ist gut beraten, genau zu analysieren, wie viel Ruhe er tatsächlich benötigt, um sich wohlzufühlen, und an welchen Faktoren er das festmacht.

Gruppe 3: SICHERHEITS-Werte

Die dritte Wertegruppe bezieht sich auf Sicherheit, nach der viele Menschen streben. Hierzu zählen vor allem diejenigen, die sich schwertun, Gewohntes zu verändern und neues, unsicheres Terrain zu betreten. Sie sehnen sich nach einer gewissen

Ordnung und Beständigkeit. Aus dieser Sehnsucht leitet sich oftmals auch der Anspruch ab, zu seinen Entscheidungen und Handlungen im Leben zu stehen, also ein bestimmtes Ehr- und Pflichtgefühl.

Ordnung

Ordnungsliebende Menschen brauchen für die eigene Zufriedenheit eine genaue Struktur. Die kann sich im beruflichen Kontext auf eine klare personelle oder organisatorische Zuständigkeit beziehen oder auch auf einen transparenten Ablaufplan in der eigenen Abteilung. Letztlich wird der Arbeitsstil einer ordnungsliebenden Person ein anderer sein als der eines Menschen, dem dieser Wert weniger wichtig ist. Hinter der Ordnungsliebe kann u. a. das Bedürfnis nach Stabilität und Sicherheit im Berufsleben stehen.

Hanna, 30 Jahre alt, sagt: »Ursprünglich wollte ich ja einen künstlerischen Beruf ergreifen. Nachdem ich aber von der Kunstakademie abgelehnt wurde, habe ich eine Ausbildung zur Steuerfachangestellten absolviert. Das war nicht meine eigene Idee, sondern der Wunsch meiner Eltern, ich solle doch etwas Solides machen. Schon die Ausbildung war die reine Qual. Verglichen mit meinem heutigen beruflichen Alltag in einer Steuerkanzlei jedoch noch um ein Vielfaches besser. Ich habe hier das Gefühl, in einer Zwangsjacke zu leben. Es geht den ganzen Tag um Zahlen, die bis auf die Kommastellen stimmen müssen. Ich kontrolliere Fristen und trage sie ein. Das macht mich fertig. Abends versuche ich, mich aus diesem Ordnungskorsett zu lösen, indem ich wilde Performances in meinem Arbeitszimmer auf die Leinwand bringe. Doch am nächsten Morgen geht die Routine wieder von vorn los.«

Detlef meint: »Ich war jahrelang Verwaltungsangestellter in einer Behörde. Nach meinem Umzug in eine andere Stadt habe ich gewagt, mich beruflich neu umzusehen, und mich daraufhin für ein mittelständisches Unternehmen entschieden. Ich arbeite heute im Vertriebsinnendienst einer Firma, die Kartonagen herstellt. Der Job gefällt mir grundsätzlich ganz gut, und ich ernte auch viel Lob. Allerdings habe ich immer wieder Schwierigkeiten mit den internen Prozessen. Ich bin es gewohnt, dass vorgegebene Wege und Strukturen in der Abteilung eingehalten werden. Unter meinen Kollegen in der Behörde war das ein ungeschriebenes Gesetz, und jeder hat sich daran gehalten.

In meinem neuen Unternehmen ist das anders. Immer wieder werden mir Aufträge von Abteilungen gegeben, die die interne Struktur nicht berücksichtigen. Das macht mich äußerst unzufrieden, und die dafür nötige Flexibilität überfordert mich. Mittlerweile fühle ich mich nicht mehr ganz so wohl in meinem Job ... Die alten Zeiten wünsche ich mir schon manchmal zurück.«

Hanna liebt die Ordnung weniger, Detlef braucht sie dagegen, um sich im Job wohlzufühlen und zurechtzufinden. Bezogen auf diesen einen Wert, sind beide nicht in dem für sie günstigsten Job tätig.

Für Hanna wäre eine künstlerische Tätigkeit, die sie ursprünglich ausüben wollte, sicher sehr viel befriedigender. Und Detlef sollte überlegen, ob er sich ein Unternehmen sucht, in dem er seine Ordnungsliebe ausleben kann. Vielleicht gelingt es ihm aber auch, seinen jetzigen Arbeitsplatz mehr nach seinen eigenen Kriterien durchzustrukturieren.

Beständigkeit

Einigen von uns ist es wichtig, ein beständiges Leben zu führen, sich etwas aufzubauen und das zu pflegen, was man hat. Das kontinuierliche Sparen und Anhäufen von materiellen Werten ist z. B. ein Ausdruck davon und gibt Stabilität und Sicherheit im Leben. Auch das Halten eines Jobs in einer Firma über 10, 20 oder noch mehr Jahre hinaus zeigt den Wunsch nach Beständigkeit.

Tina aus Bremen, 39 Jahre, äußert sich hierzu folgendermaßen: »Seit sechs Jahren arbeite ich in einem Biotechnologieunternehmen. Mit meinem Chef komme ich nicht besonders gut aus, aber diesen Umstand ignoriere ich. Schon mehrmals ist mir von verschiedenen Stellen der Wink gegeben worden, mich nach einem anderen Job umzusehen. Aber ich denke nicht daran, zu wechseln. Ich bin jetzt schon so lange in der Firma und habe mich richtig gut eingerichtet. Ich bin keine Springerin, die gerne von Unternehmen zu Unternehmen wandert. Wenn mich eines im Leben auszeichnet, dann ist das meine Beständigkeit. Seit 15 Jahren lebe ich in einer Beziehung, und meine Freunde kenne ich alle noch aus Schulzeiten. Wenn es nach mir geht, kann ich auch in meinem jetzigen Unternehmen alt werden.«

Mark sagt hierzu: »Ich arbeite in derselben Abteilung wie Tina. Ich komme mit unserem Chef auch nicht sonderlich gut zurecht. Mir wurde zwar noch nicht nahegelegt, das Unternehmen zu wechseln, so weit will ich es aber auch gar nicht erst kommen lassen. Seit einigen Wochen bewerbe ich mich bei anderen Firmen und hatte schon das eine oder andere Vorstellungsgespräch. Für Tinas Beharrlichkeit habe ich nur wenig Verständnis. Ihre ganze Lebensführung kommt mir sehr starr und wenig flexibel vor. Alles scheint in festen Bahnen zu verlaufen, die keine großen Bewegungen zulassen. Eine grausame Vorstellung, wie ich finde. Entweder die Dinge passen oder nicht. Und wenn Letzteres der Fall ist, ändere ich was. Das gilt auch für Privates. Ich würde nie auf die Idee kommen, irgendwo länger als nötig zu bleiben, wenn die Situation für mich nicht mehr passend ist.«

Für Tina und Mark hat Beständigkeit in ihrem Leben einen unterschiedlich stark ausgeprägten Stellenwert. Während sie für Tina eine wesentliche Bedeutung hat, ist sie Mark eher unwichtig. Obwohl Tina mit ihrem Job unzufrieden ist, bleibt sie. Es ist zu vermuten, dass für sie Beständigkeit einen höheren Wert hat als z. B. Neugier. Für sie muss es daher mit großer Wahrscheinlichkeit einen hohen inneren Leidensdruck geben, bis sie das Unternehmen wechselt. Anders ist es bei Mark. Er fühlt sich genauso unwohl in der Firma wie Tina. Da ihm Beständigkeit aber nicht so wichtig ist, kann er sich bei anderen Firmen bewerben. An dieser Stelle geht es nicht darum, zu bewerten, wer besser oder sinnvoller handelt, sondern wahrzunehmen, dass sich beide aufgrund ihrer unterschiedlichen Wertestruktur anders verhalten.

Gruppe 4: ABENTEUER-Werte

Eine zu große Werteausprägung in Gruppe 3 (also bei den SICHERHEITS-Werten) geht zulasten der ABENTEUER-Werte. Sich bewegen und Neues im Leben entdecken kann nur derjenige, der auch bereit ist, bekannte Pfade zu verlassen. Und trotzdem ist auch hier die Frage, wie viel Sicherheit und wie viel Abenteuer man für die eigene innere Balance benötigt. ABENTEUER-Werte sind vor allem Unabhängigkeit und Neugier, oft auch gepaart mit einem großen Idealismus.

Unabhängigkeit

Mit Unabhängigkeit ist ein starker Drang zu Freiheit und Selbstständigkeit verbunden. Man ist sich selbst genug und braucht keine oder wenige feste Strukturen. Aber jede Unabhängigkeit hat auch ihre Grenzen. Es gibt nur wenige Menschen, die komplett ohne ein System und eine Struktur im Leben klarkommen. Insofern gilt hier immer auszuloten, wie viel man davon benötigt und um welche Art von Unabhängigkeit es sich handelt. Denn menschliches Leben funktioniert nur dann, wenn gewisse Regeln auch eingehalten werden.

Barbara lebt seit drei Jahren in Dresden und sagt: »Angestellt zu sein hatte durchaus viele Vorteile für mich. Vor Kurzem wurde jedoch eine innere Stimme in mir immer lauter. Ich fühlte mich von den Unternehmensstrukturen zunehmend eingeschränkt. Zwar haben die mir in der Vergangenheit auch Sicherheit geboten, aber ich merkte immer mehr, dass ich mich nach Unabhängigkeit im Job sehnte. Vor drei Monaten wagte ich dann den Sprung in die Selbstständigkeit. Ich weiß, dass ich natürlich auch hier auf die Kunden angewiesen bin und nicht völlig unabhängig vom Rest der Welt arbeiten kann. Aber allein die Tatsache, entscheiden zu können, wann und in welcher Form ich arbeite und welche Produkte und Leistungen ich anbiete, gibt mir ein Gefühl von Unabhängigkeit. Auch wenn ich mich erst einmal etablieren muss, weiß ich schon jetzt, dass ich nie wieder in ein Angestelltenverhältnis zurückgehen werde.«

Anders äußert sich Joachim, der nach jahrelanger Tätigkeit in einer Firma ebenfalls den Weg in die Selbstständigkeit gegangen ist: »Ich hätte nie gedacht, dass es mir so schwerfällt, mit der mir nun zur Verfügung stehenden Freiheit umzugehen. Sie stellt für mich beinahe eine Bedrohung dar. Ich vermisse die Einbindung in eine klare Struktur und den Umgang mit den Kollegen, was mich völlig verunsichert. Ich hatte mir die Selbstständigkeit ganz anders vorgestellt und schaue mich nun wieder nach einem Job als Angestellter in einem Unternehmen um.«

Barbara ist Unabhängigkeit sehr wichtig, Joachim dagegen weniger. Insofern entscheidet er sich richtig, wenn er sich wieder eine Firma sucht, in der er in feste Strukturen integriert ist. Das ist jedoch auch möglich, wenn man selbstständig ist und z. B. Kooperationen eingeht oder auch mit anderen Geschäftspartnern fest zusammenarbeitet.

Neugier

Neugierige Menschen möchten in ihrem Leben immer dazulernen. Für sie kommt nie der Zeitpunkt, an dem sie sagen würden, dass sie genug gesehen und an Erfahrungen gesammelt hätten. Die Anhäufung von neuem Wissen bzw. das Lernen neuer Dinge motiviert sie. Es handelt sich hierbei oft um sehr offene Menschen, die sich gerne auf neue berufliche Abenteuer einlassen und schnell Kontakte knüpfen können.

Manuela ist Ärztin und sagt: »Ich habe während meines Studiums schnell festgestellt, dass mir die Forschung besonders viel Spaß macht. Es gibt für mich kaum ein beglückenderes Gefühl, als Untersuchungen und Tests durchzuführen und auszuwerten. Leider war in München, in der Stadt, in der ich derzeit lebe und in der ich mich sehr wohlfühle, keine wissenschaftliche Stelle frei. Ich hätte dafür nach Hamburg umziehen müssen. Da ich das nicht wollte, habe ich mich entschieden, auf eine wissenschaftliche Laufbahn zu verzichten und in einem Krankenhaus als Assistenzärztin zu arbeiten.

In den ersten Monaten hat mir die Arbeit dort gut gefallen. Ich war gefordert, mir immer wieder neues Wissen anzueignen, weshalb ich auch jeden Abend und am Wochenende lernen musste. Zwar litt darunter mein Privatleben, aber der Job hat mir trotzdem Spaß gemacht. Doch so langsam beherrsche ich die Arbeitsvorgänge und -schritte, und die Routine fängt an, mich zu langweilen. Mittlerweile bin ich nicht mehr so zufrieden wie am Anfang und stelle immer mehr fest, dass ich meiner verpassten wissenschaftlichen Karriere nachtrauere.

Freunde haben mir dann den Tipp gegeben, privat einfach einige Kurse zu besuchen, z. B. an der VHS, oder spannende Studienreisen zu buchen. Das ist für mich aber überhaupt kein Trost.«

Andy meint: »Ich würde mich selbst als Generalisten und Unternehmer beschreiben. Es macht mir Spaß, schnell operative Entscheidungen zu treffen. Ich bin ein Mann fürs Grobe. Es interessiert mich weniger, warum die Dinge so sind, wie sie sich darstellen, sondern vielmehr, mich schnell zu bewegen und zu handeln.

Wenn ich ehrlich bin, spule ich beruflich immer wieder die gleichen Texte ab und entscheide nach bekannten Handlungsmustern. Ich habe wenig Lust, Neues zu lernen. Das ist für mich pure Anstrengung, und ich möchte es im Berufsleben möglichst leicht haben. Manchmal werde ich als oberflächlich beschrieben, und mir wird vorgeworfen, immer nur nach Schema F zu handeln. Das macht mir aber wenig aus. Ich bin damit zufrieden, wie die Dinge laufen.«

Manuela hat den falschen Job. Sie ist neugierig und möchte dazulernen. Es geht ihr um zusätzliches Wissen. Dieses Bedürfnis ist in ihrer Karriere-DNA stark ausgeprägt. Wenn sie diesen Wert dauerhaft nicht leben kann, wird sie in ihrem Beruf wahrscheinlich nicht glücklich werden. Bei Andy ist das anders. Er hat kein großes Interesse daran, Neues zu erlernen, und sein jetziger Job passt gut zu ihm.

Der erste Baustein in Ihrer Karriere-DNA sind die beruflichen Werte. Vier Wertegruppen haben Einfluss auf Ihr Berufsleben und damit auf Ihr berufliches Glück. Es gilt, herauszufinden, welche Werte in Ihrer Karriere-DNA besonders stark ausgeprägt sind.

Die grundlegenden Werte eines Menschen werden in den ersten zwölf Lebensjahren durch Eltern, Schule, Nachbarn und Freunde vermittelt. Im Laufe des Lebens können sie sich aufgrund von Erfahrungen verändern. Auch gesellschaftlicher Wandel wirkt sich unmittelbar auf sie aus.

Berufliche Ziele

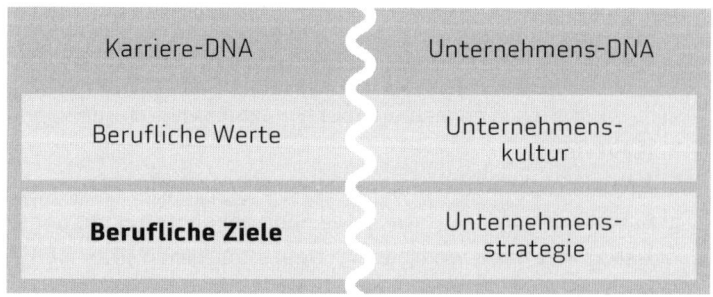

Der zweite Baustein der Karriere-DNA ist das berufliche Ziel. Berufliche Werte und Ziele hängen eng miteinander zusammen. Die Ziele basieren auf den Werten, die uns als Menschen ausmachen. Wenn wir uns das Bild des Lebenshauses ins Gedächtnis zurückrufen, erinnern wir uns daran, dass unsere Werte das Fundament darstellen. Und nur auf einem soliden Fundament können wir bauen. Unsere Ziele sind für die Architektur ausschlaggebend, die zum Fundament passen muss.

Fragen Sie sich hierfür: Möchte ich ein Landhaus, eine kleine Kate, ein Reihenhaus oder eine Villa bauen? Geht mein Haus eher in die Breite oder in die Höhe? Und wie viele Stockwerke soll es haben?

Wenn Ihre Familie einen hohen Stellenwert in Ihrer Karriere-DNA einnimmt, dann werden Sie wahrscheinlich nicht das Reisen als ein berufliches Ziel fokussieren. Denn dieses Ziel verhindert, dass Sie Zeit mit Ihrer Familie verbringen können.

Studien belegen, dass sich die meisten Menschen keine konkreten beruflichen Ziele setzen und sich im Leben eher treiben lassen. Daran ist grundsätzlich nichts auszusetzen. Zumindest dann nicht, wenn Sie damit zufrieden sind. Sie dürfen sich am Ende aber nicht beschweren, dass Sie in Ihrem Beruf nicht das erreicht haben, was Ihnen eigentlich wichtig gewesen wäre. Sie allein sind der Architekt Ihres Lebens, sowohl privat als auch beruflich!

Vielleicht würden Sie sich ja gerne ein berufliches Ziel setzen, können sich hierunter aber nichts Genaues vorstellen. Daher sollten wir als Erstes klären, welche beruflichen Ziele es eigentlich gibt. Vielleicht bekommen Sie dadurch (weitere) Anregungen für Ihren eigenen Weg. Typische berufliche Ziele sind:

- **Sicherer Arbeitsplatz**
- **Selbstverwirklichung (sich für bestimmte Werte einsetzen)**
- **Karriere**
- **Menschliche Arbeitsatmosphäre**
- **Intellektuelle Herausforderung**
- **Work-Life-Balance**
- **Reisen**

Diese Ziele bedeuten natürlich kein Entweder-oder. Sie können auch mehrere haben und zu den hier aufgelisteten noch weitere hinzufügen. Sie sollten jedoch darum bemüht sein, ein oder zwei Ziele zu fokussieren. Denn je mehr Ziele Sie parallel verfolgen, desto weniger Energie werden Sie auf das einzelne verwenden können. Und damit schwindet auch die Wahrscheinlichkeit, das Ziel zu erreichen.

Sicherer Arbeitsplatz

In den letzten Jahren ist das Bedürfnis nach einem sicheren Arbeitsplatz für viele Menschen deutlich gewachsen. Wir alle bekommen täglich mit, wie schnell sich Unternehmen von Mitarbeitern trennen. Die lebenslange Anstellung in einem Betrieb, die in Deutschland noch vor einigen Jahren die Regel war, ist heute eher die Ausnahme. Wer mit Mitte oder Ende 40 den Arbeitsplatz verliert, hat in vielen Fällen große Schwierigkeiten, etwas adäquates Neues zu finden.

Die Frage ist, ob es den sicheren Arbeitsplatz überhaupt (noch) gibt oder ob nicht der Wandel das einzig Stetige ist. Wer sich permanent qualifiziert und über sehr gute Netzwerkkontakte verfügt, wird mit großer Wahrscheinlichkeit immer wieder einen Job finden, wenn auch nicht im selben Unternehmen. Trotzdem gibt es Branchen und auch Berufe, die sicherer sind als andere.

Bettina, 38 Jahre, aus Dortmund: »Wenn ich so über meine beruflichen Ziele nachdenke, dann ist mir ein sicherer Arbeitsplatz sehr wichtig. Ich weiß, dass es so etwas heutzutage kaum mehr gibt, es sei denn, man ist Beamter. Und auch Beamte werden ja nur noch selten ernannt.

Ich arbeite in einer großen deutschen Versicherung im Bereich Kunden- und Beschwerdemanagement. Die Firma existiert seit 30 Jahren, und viele meiner Kollegen sind hier seit mehr als 20 Jahren tätig. Im Vorstellungsgespräch habe ich gleich nach der durchschnittlichen Betriebszugehörigkeit gefragt, weil ich damals schon wusste, dass berufliche Sicherheit für mich wichtig ist. Die Kultur unseres Hauses ist es, Mitarbeiter zu halten. Natürlich gibt es hin und wieder auch Einsparungen in einzelnen Abteilungen. Verglichen mit anderen Unternehmen ist das Ausscheiden von Mitarbeitern aber sehr gering. Die meisten bleiben bis zur Rente hier.

Vor einigen Jahren hatte ich mal die Idee, die Firma zu wechseln. Zu diesem Zeitpunkt wuchs in mir das Gefühl, nur noch Routinearbeiten durchzuführen und keine neuen Erfahrungen mehr zu machen. Aber so weit ist es nicht gekommen. Wenn ich ehrlich zu mir bin, war der sichere Arbeitsplatz der Grund dafür, zu bleiben. Ich habe dann in meinem Bereich nach neuen Aufgaben gesucht und auch einige gefunden. Ich wusste, dass ich nicht in einer Firma glücklich wäre, die mir keine Sicherheit bieten könnte.«

Ernst, 49 Jahre, aus Saarbrücken: »Sicherer Arbeitsplatz? Nee, das war mir wirklich noch nie wichtig und ist definitiv kein berufliches Ziel von mir. Ich weiß, wo ich mich bewerben müsste, um das zu bekommen, soweit es heute überhaupt noch einschätzbar ist. Aber für mich ist ein sicherer Arbeitsplatz auch gleich verbunden mit Fesseln, geringer Flexibilität und wenig Abenteuer. Wenn ich Verwaltungsbehörden erlebe oder auch Unternehmen, die eine ähnliche Kultur leben und wo alles auf Sicherheit bedacht ist, da läuft mir ein kalter Schauer über den Rücken. Die meisten Menschen, die dort arbeiten und die ich kenne, scheinen damit ganz zufrieden und glücklich zu sein. Aber ich? Niemals! Da sieht man mal wieder, wie unterschiedlich die Vorlieben sein können. Ich bin glücklich und zufrieden in meiner Selbstständigkeit. Ich habe vor einigen Jahren eine Tischlerei gegründet, die ganz gut läuft.«

Bettina und Ernst haben beide einen Arbeitsplatz gefunden, der zu ihnen passt. Für Menschen, denen Sicherheit im Job wichtig ist, sind vor allen Dingen Werte wie Ordnung und Beständigkeit von großer Bedeutung.

Selbstverwirklichung

Sich im Beruf selbst zu verwirklichen bedeutet, sich für bestimmte Werte einzusetzen und die Arbeit auf die individuellen Interessen und Bedürfnisse abzustimmen. Das passt zu dem bereits angesprochenen Trend, das eigene Ego in den Mittelpunkt zu stellen. Religion verliert für viele Menschen an Bedeutung, sodass man sich an nichts Höherem mehr festhalten kann. Parallel dazu steigt die Zahl der Singles – vor allem in Großstädten. Menschen beschäftigen sich zunehmend mit sich selbst, was die neuen Formen der Medien unterstützen.

> Hierzu sagt Tanja aus Berlin: »Mein berufliches Ziel? Ganz klar die Verwirklichung meiner Ideen! Alles andere ist mir nicht so wichtig. Ich habe eine Ausbildung zur Schneiderin absolviert und danach Modedesign studiert. Heute bin ich in einem Atelier angestellt, das individuelle Kleidung entwirft und fertigt. Ich kann stolz sagen, dass ich jeden Tag mit einem zufriedenen Gefühl nach Hause gehe. Das Leben ist mir einfach zu kurz, um auch nur einen Tag lang etwas zu machen, das nichts mit mir und meinen Interessen zu tun hat. Ich lebe für meine Kleidung, die ich entwerfe.«

> Bernd aus Essen: »Selbstverwirklichung? Damit kann ich überhaupt nichts anfangen. Ich arbeite auf dem Bau, bin Handwerker und tue das, was mein Chef von mir verlangt. Wenn ich Ziegel aufeinandersetze, dann verwirkliche ich mich nicht selbst, das wäre absoluter Quatsch. Selbstverwirklichung im Job ist etwas für Reiche und solche Leute, die nichts anderes im Leben zu tun haben. Ich habe eine Frau und zwei Kinder zu versorgen, so einen Luxusgedanken kann ich mir nicht leisten.«

Tanja hat einen Job gefunden, in dem sie ihr berufliches Ziel leben kann. Bei Bernd spielen Familie und Beständigkeit eine viel wichtigere Rolle als Selbstverwirklichung. Werte wie Anerkennung, Status, aber auch Idealismus und Neugier gehen oft mit dem Wunsch, sich selbst zu verwirklichen, einher.

Karriere

Was bedeutet eigentlich Karriere? Wenn man ganz genau ist, dann beschreibt der Begriff zunächst nur die persönliche berufliche Laufbahn eines Menschen. Danach würde jeder von uns Karriere machen.

In unserer Gesellschaft sind damit aber gleichzeitig der soziale Aufstieg und die Zugehörigkeit zu einer gewissen sozialen Schicht gemeint. Menschen, die es geschafft haben, sich eine gute Work-Life-Balance zu erarbeiten, und die Zeit für Familie und Freunde haben, meinen wir kaum, wenn wir an den traditionellen Karrierebegriff denken.

Unsere Gesellschaft legt also fest, wer Karriere macht und damit auch Erfolg im Job hat und wer nicht. Karrieremachen steht bei uns als Synonym für Geld, Macht und Einfluss. Dazu gehören ein hohes Gehalt, das nur schwer zu beziffern ist, und Statussymbole wie ein Firmenwagen, ein großes Büro und eine gewisse Position im Organigramm des Unternehmens.

Viktor aus Ulm sagt: »Ich arbeite seit einigen Jahren im Flugzeugbau. Bereits zweimal ist mir eine Führungsposition angeboten worden. Nach langem Hadern und Zögern habe ich mich beide Male dagegen entschieden. Meine Freunde haben nur den Kopf geschüttelt und mir gesagt, dass ich dumm sei, so eine Gelegenheit nicht beim Schopfe zu packen. Aber was soll ich machen? Mir ist es im Leben wichtiger, mich ganz in meine Projekte zu vertiefen. Ich weiß genau, dass das als Führungskraft nicht mehr möglich ist. Ich kenne viele Kollegen, die befördert wurden. Einige sind glücklich mit der neuen Aufgabe, aber viele arrangieren sich nur noch mit ihrem Job. Denen geht es meistens genauso wie mir. Sie wollen Flugzeuge bauen und sich mit der Technik auseinandersetzen.

Nur noch zu managen und Politik zu machen – das würde mich nicht befriedigen. Klar bin ich manchmal auch etwas neidisch, wenn ich mitbekomme, was meine höher positionierten Kollegen verdienen. Dazu kommen ein größeres Büro, Firmenwagen etc. Das hätte ich natürlich auch gerne, aber der Preis ist mir zu hoch. Außerdem habe ich drei Kinder und eine Frau, die mir wichtig sind. Ich möchte nicht jeden Abend bis 19.00 oder 20.00 Uhr im Büro sitzen. Das passt nicht zu meinem Lebensentwurf. Ich weiß, dass ich im klassischen Sinne keine Karriere gemacht habe, aber ich fühle mich trotzdem erfolgreich.«

Anders äußert sich Kathrin aus Hannover: »Ich bin und war immer schon ein Leistungsmensch. Natürlich will ich Karriere machen und bin auch auf dem besten Weg. Ich arbeite in einer Bank und habe die Position der Bereichsleitung erreicht. Ich habe nichts dagegen, auch noch weiter zu kommen. In dieser Bank oder in einer anderen. Schon im BWL-Studium war mir klar, dass ich Menschen führen möchte, Macht ausüben will und es spannend und interessant finde, ganz oben mitzumischen. Ich treffe gerne Entscheidungen und halte die Beteiligung an der Unternehmenspolitik für äußerst reizvoll.

Und mein Gehalt, der Firmenwagen und alle sonstigen Vorzüge meiner Position sind auch nicht zu verachten. Von einigen Frauen höre ich manchmal den verdeckten Vorwurf, ich würde im Beruf sehr männlich agieren. Na ja, das nehme ich sportlich. Ich glaube, viele von denen sind einfach nur neidisch. Die sollen mir das erst mal nachmachen.«

Für Kathrin ist die klassische Karriere ein berufliches Ziel, für Viktor dagegen nicht. Beide sind derzeit in den für sie geeigneten beruflichen Positionen tätig. Karriere streben häufig Menschen an, die eine hohe Ausprägung der Werte Anerkennung, Macht, Status und Prestige haben.

Menschliche Arbeitsatmosphäre

Wir alle brauchen eine bestimmte »menschliche« Atmosphäre am Arbeitsplatz, damit wir uns wohlfühlen. Die hängt ganz vom individuellen Empfinden ab. Dazu gehören oftmals eine gute Kommunikation, ein Ohr für private Probleme, gerechtes Handeln und ein grundsätzlich offener, wertschätzender Umgang.

Lars aus Kassel sagt: »Nach mehreren Umwegen weiß ich heute, dass eines meiner beruflichen Ziele immer darin bestand, in einem angenehmen und menschlichen Umfeld zu arbeiten. Ich bin emotional und weiß, dass ich viel Ansprache brauche. Für mich ist die Firma so etwas wie mein zweites Zuhause, und daher muss ich mich dort auch wohlfühlen. Aber das habe ich selbst erst einmal verstehen müssen.

Nach meiner Ausbildung bin ich in ein international agierendes Logistikunternehmen eingestiegen. Ich dachte, da kann ich richtig was lernen. Aber schon nach drei Monaten war ich dort total unglücklich und wurde immer öfter krank. Das Arbeitsgebiet war zwar spannend, und das Gehalt stimmte auch, aber ich kam mit der Atmosphäre nicht klar. Das Unternehmen wurde aus dem Ausland gesteuert, und man war allein darauf aus, schnelles Geld zu machen. Mitarbeiter kamen und gingen in einem rasanten Tempo. Man konnte kaum Kontakte zu anderen Kollegen aufbauen, denn alle hatten Angst, sich zu öffnen, und witterten überall Konkurrenz. Persönliche Ansprache und Motivation gab es dort nicht. Ein unglaublicher Zustand. Ich kam morgens mit Bauchschmerzen in die Firma und ging abends völlig erschöpft nach Hause.

Wirklich furchtbar, wenn ich mich daran zurückerinnere. Nach vier Monaten habe ich in der Probezeit das Handtuch geworfen. Ich habe gemerkt, dass ich den Job so nicht schaffe. Die Arbeitsatmosphäre hat einfach nicht gestimmt. Nach diesem Desaster habe ich mich dann in einem kleineren Hamburger Unternehmen beworben. Dort hält der Inhaber selbst das Zepter in der Hand. Ein Unterschied zwischen den beiden Firmen wie Tag und Nacht. Ich habe mich vom ersten Tag an wohlgefühlt. Die Kollegen sprechen miteinander und haben mich sofort einbezogen. Hier fühlt es sich für mich tatsächlich wie ein zweites Zuhause an. Das Gehalt ist zwar etwas kleiner, und auch die Themen sind nicht ganz so aufregend, aber das ist mir egal. Hauptsache, das Umfeld stimmt, und daher bin ich zufrieden mit dem, was ich habe.«

Passend zu seinem beruflichen Ziel sind für Lars vor allem die Werte aus der Gruppe 2 und 3 (WIR-Werte und SICHER-HEITS-Werte) wichtig. Für Lars muss das menschliche Umfeld stimmen, es geht ihm nicht in erster Linie um das eigene Ego, sondern um das harmonische Miteinander.

Intellektuelle Herausforderung

In keinem Job werden wir permanent intellektuell gefordert. Aber es gibt berufliche Tätigkeiten, bei denen wir mehr denken müssen und auch dazulernen können als bei anderen. Die Arbeit am Fließband in einer Fabrik ist sicher weitgehend Routine und kaum eine intellektuelle Herausforderung. Dagegen setzt die Programmierung neuer Software oder auch die Entwicklung von Medikamenten permanentes Kombinieren und innovatives Denken voraus.

»Für mich ist der Job dazu da, meinen Lebensunterhalt zu bestreiten. Vielleicht könnte ich heute etwas anderes machen, wenn ich mich weitergebildet hätte, aber dazu fehlten mir Elan und Ehrgeiz. Job ist Job, und in der Freizeit kann ich dann das tun, was mir Spaß macht. Ich liebe die Routine und das Gefühl, immer alles im Griff zu haben. Ich muss die Dinge nicht infrage stellen, was soll das bringen? Und für den Nobelpreis bin ich sicher nicht schlau genug. Nee, das ist schon alles so richtig, wie es ist«, antwortet Susanne, 36 Jahre alt, auf die Frage, ob ihr als berufliches Ziel die intellektuelle Herausforderung wichtig sei. Sie arbeitet seit zehn Jahren als Sachbearbeiterin in einer Behörde.

Dagegen sagt Gerd, 32 Jahre, aus Hameln: »Ich bin Softwareentwickler in einem mittelständischen Unternehmen ... Was mein berufliches Ziel ist? Bewusst habe ich mir darüber noch nie Gedanken gemacht. Wenn ich aber das Stichwort ›intellektuelle Herausforderung‹ höre, kann ich mein Streben damit gut in Verbindung bringen. Ich habe schon früher sehr viel Zeit vor dem Rechner verbracht und programmiert. Zwar war ich im Gesicht etwas weißer als die anderen Kinder und hielt mich nach der Schule lieber in meinem Zimmer auf, anstatt draußen zu spielen, aber mir ging es dabei richtig gut. Meine Eltern hatten die Befürchtung, dass ich ein Einzelgänger werde und später nur schlecht Anschluss finde. Doch mich hat das nie gestört.

Da war es nur folgerichtig, auch beruflich etwas mit PCs zu machen. Als Softwareentwickler bin ich sehr erfolgreich, weil mir meine Arbeit Spaß macht und gut von der Hand geht. Es reizt mich, jeden Tag effektiv an neuen Lösungen zu arbeiten, ein Routinejob wäre mein Tod.«

Susanne hat die intellektuelle Herausforderung sicherlich nicht als berufliches Ziel im Visier. Bei Gerd ist das anders. Seine Motivation speist sich aus der Möglichkeit, intellektuelle Anforderungen im Job lösen zu können. Die Werte Anerkennung, Neugier, manchmal auch Macht und Idealismus liegen diesem beruflichen Ziel häufig zugrunde.

Work-Life-Balance

Die Work-Life-Balance beschreibt einen Zustand, bei dem Arbeit und Privatleben miteinander harmonieren und im Einklang stehen. Bis vor einigen Jahren sprach hierüber kaum ein Mensch. Das hat sich komplett verändert. Die Quote der Mitarbeiter, die schon in jungen Jahren an Burn-out leiden, steigt, genauso wie die Krankenstände in den Unternehmen. Viele Menschen haben das Gefühl, den Anforderungen nicht mehr gewachsen zu sein, sowohl privat als auch beruflich.

Heutzutage ist es normal, dass hoch qualifizierte Absolventen potenzielle Arbeitgeber nach Work-Life-Balance-Programmen fragen oder dass Unternehmen dieses Stichwort als Instrument des Personalmarketings einsetzen. Hätte ich bereits vor zwölf Jahren am Anfang meiner beruflichen Tätigkeit nach solchen Programmen gefragt, wäre ich vermutlich hochkant aus der Firma geflogen.

Wie ernsthaft die Versprechungen der Unternehmen, etwas für das Gleichgewicht der Mitarbeiter zu tun, tatsächlich sind, sei an dieser Stelle dahingestellt. Ab einer gewissen Position ist es grundsätzlich schwer, die Work-Life-Balance einzuhalten. Firmen haben nur ein Ziel: Gewinne zu erwirtschaften. Und die Mitarbeiter sollen ihnen dabei helfen. Das geht in keinem Unternehmen aus der Hängematte heraus. Insofern lässt sich Stress nur selten aus dem Berufsleben ausklammern.

Die psychischen Folgen sind bekannt und werden seit einiger Zeit immer verheerender. Die angebotenen Programme der Firmen zum Ausgleich der Mitarbeiter scheinen also oftmals nicht zu greifen – oder die Angestellten trauen sich nicht, das Angebot anzunehmen.

Kai, 33 Jahre, aus Warnemünde: »Ich wusste schon immer, dass ich mich nicht für ein Unternehmen kaputtmachen werde. Ich treibe viel Sport, habe einen großen Freundeskreis und interessiere mich für Kultur. Ich kann klar sagen, dass ich nicht lebe, um zu arbeiten, sondern arbeite, um zu leben. Mir ist bewusst, dass ich mit dieser Einstellung die ganz große Karriere nie machen werde. Aber meine Freizeit ist mir einfach zu wichtig.

Ich habe schon so viele Menschen kennengelernt, die mit Mitte 30 ihren ersten Zusammenbruch hatten oder deren Beziehungen aus Zeitmangel zerbrochen sind. Auch bei meinen Eltern war das so. Mein Vater hat jahrelang nur geschuftet, angeblich, um uns etwas bieten zu können. Mit 40 hatte er dann einen Herzinfarkt, und einige Jahre später beschloss meine Mutter, sich von ihm zu trennen. Auch wenn mir das sehr wehtat, konnte ich sie verstehen. Meine Eltern hatten sich einfach auseinandergelebt. Ich will das anders machen.«

Anja, 31 Jahre, aus Berlin: »Ich kann das ganze Gerede über Work-Life-Balance einfach nicht mehr hören. Klar wäre es eine schöne Vorstellung, Arbeit und Privates in Einklang zu bringen. Aber wenn man heutzutage etwas erreichen möchte, dann ist das reine Utopie. Ich bin Juristin und habe mich nach meinem Referendariat auf Jobmessen nach möglichen Arbeitgebern umgesehen. Ich wollte unbedingt in eine Großkanzlei. Einige von denen haben mit der Aussicht auf Work-Life-

Balance geworben. Das hat mich sehr überrascht, denn jeder weiß, dass man dort anfänglich sehr viel arbeiten muss und auch am Wochenende kaum Zeit hat, seine Blazer in die Reinigung zu bringen. Ich habe das dann unter einem Marketinggag abgestempelt und nicht weiter nachgefragt.

Wenn Work-Life-Balance eines meiner beruflichen Ziele wäre, könnte ich nicht in dem Job arbeiten, den ich heute mache. Dann müsste ich in eine kleinere Kanzlei wechseln, in die Verwaltung oder den Staatsdienst gehen. Ich weiß nicht, ob sich meine Ziele im Laufe der Jahre noch einmal verändern werden ... das kann schon sein. Aber heute will ich erst mal Karriere machen.«

Für Kai ist Work-Life-Balance ein wichtiges berufliches Ziel. Aufgrund seiner Erfahrungen in der eigenen Familie geht er mit diesem Thema besonders vorsichtig um. Er hat als Kind erlebt, wozu es führen kann, wenn man sich nicht um ein ausgeglichenes Privatleben kümmert. Und da ihm Freunde und Familie sehr wichtig sind, kann man sein Handeln verstehen. Für Anja stellt sich die Situation anders dar. Sie befindet sich im Moment in einer Lebensphase, in der ihr das berufliche Weiterkommen wichtig ist. Ihr ist klar, dass ihr Privatleben dafür zurzeit auf der Strecke bleibt, und sie schließt selbst nicht aus, dass es zu einem späteren Zeitpunkt eine andere Gewichtung in ihrem Leben geben wird.

Es gibt kaum Menschen, für die schon beim Berufseinstieg die innere Ausgeglichenheit an erster Stelle steht. Bei den meisten entwickelt sich dieses Bedürfnis im Laufe der Jahre, wenn spürbar wird, wie sehr der Job Energie zieht. Oder es stellt sich die eine oder andere stressbedingte psychosomatische Störung ein. Sie können nachts nicht mehr schlafen, haben permanent Kopfschmerzen oder sind erkältet. Spätestens dann machen sich die meisten über ihr Work-Life-Balance-System Gedanken. Ob sie dann aber tatsächlich etwas dafür tun, ist eine andere Frage. Die an uns gestellten Anforderungen machen es nicht leicht, Privates und Berufliches in ein gesundes Gleichgewicht zu bringen.

Werte, die dem beruflichen Ziel Work-Life-Balance zugrunde liegen, sind Familie, Beziehungen, Lebensqualität sowie Ordnung und Beständigkeit.

Reisen

Das Reisen, ob national oder in fremde Kulturen, kann ein berufliches Ziel sein. Nicht jeder ist der Typ dazu und möchte seine Nächte in fremden Hotelbetten und Städten verbringen. Aber es gibt auch viele Menschen, die einen Bürojob, ohne unterwegs sein zu können, nicht aushalten. Die Möglichkeit, sich für oder gegen das Reisen zu entscheiden, bietet allerdings nicht jeder Beruf. Im Vertrieb, in der Beratung oder im Kundendienst gehören Geschäftsreisen zum Alltag, in der Buchhaltung und Rechtsabteilung sicher weniger.

Jan aus Köln sagt: »Mittlerweile hasse ich das Reisen. Es vergeht kaum eine Woche, in der ich mich nicht in die Bahn oder den Flieger setzen muss. Am Anfang war das ja noch ganz spannend, lauter neue Städte und Menschen kennenzulernen. Ich habe es genossen, wenn ich meinen Freunden erzählen konnte, in welchem fernen Land ich demnächst zu tun habe. Meine Arbeit im Vertrieb bringt es mit sich, dass ich Kunden besuchen muss.

Nun hat meine Firma aber vor ein paar Monaten beschlossen, auch in Asien und Russland Geschäfte zu machen. Die erste Reise dorthin war spannend, aber auch anstrengend. Mittlerweile bin ich regelmäßig vor Ort und frage mich, was ich am ständigen Unterwegssein eigentlich mal so toll fand. Am Wochenende bin ich platt und kann kaum etwas mit meiner Familie unternehmen. Freunde sagen mir immer, wie toll mein Job wäre und dass sie so gerne mit mir tauschen würden. Aber ich glaube, die wissen gar nicht, welcher Stress das ist. Flughäfen, Hotelzimmer und Bars sind irgendwann austauschbar. Und auch wenn der Wellnessbereich noch so schön ist, ich bin abends viel zu kaputt, um noch schwimmen oder in die Sauna zu gehen. Ich merke, dass mich das permanente Kofferpacken nicht mehr glücklich macht. Ich könnte zwar auch nicht den ganzen Tag im Büro sitzen, aber irgendetwas dazwischen muss es doch geben.«

Martin aus Mainz sagt dazu: »Ich bin Kurierfahrer für DHL. Ich fahre gerne Auto. Das war schon immer so. Hat das auch etwas mit Reisen zu tun oder sind damit nur ferne Länder gemeint? Mein Tag beginnt zwischen 5.00 und 6.00 Uhr und endet häufig sehr spät. Hin und wieder bekomme ich auch Sondertransporte nach Polen oder in die Niederlande. Dann bin ich auch mal ein paar Tage am Stück unterwegs. Ich habe mir noch nie über mein berufliches Ziel Gedanken gemacht, aber es wird wohl einen Grund geben, warum ich gerne Kurierfahrer bin. Und das hat sicher etwas mit Freiheit zu tun. Ich kann mein eigener Herr sein und bis auf die vorgegebenen Kunden und Zeiten selbst entscheiden, wo es langgeht.«

Sowohl Jan als auch Martin ist das berufliche Reisen wichtig. Allerdings nur unter bestimmten Bedingungen. In der Praxis ist es oft schwierig, einen Job zu finden, der das richtige Maß an Bewegung beinhaltet.

Fragt man nach den Werten eines Menschen, dem es wichtig ist, beruflich viel unterwegs zu sein, lautet die Antwort häufig Neugier, Unabhängigkeit, Status und Prestige.

Das berufliche Ziel ist der zweite Baustein Ihrer Karriere-DNA. Ihre Ziele müssen zu Ihren beruflichen Werten passen und darauf aufbauen.

Ihre Ziele können sich – ähnlich wie Ihre Werte – durch gesellschaftliche Veränderungen oder eigene Erfahrungen im Laufe der Jahre wandeln.

Berufliche Rolle(n)

Karriere-DNA	Unternehmens-DNA
Berufliche Werte	Unternehmens-kultur
Berufliche Ziele	Unternehmens-strategie
Berufliche Rolle(n)	Position im Unternehmen

Der dritte und letzte Baustein Ihrer Karriere-DNA ist bzw. sind die Rolle(n), die Sie in Ihrem Job gerne ausüben möchten.

Was sind berufliche Rollen? Hiermit wird ein Bereich angesprochen, der die Schnittstelle zwischen Person (Mitarbeiter) und Organisation (Firma) bildet. Etwas anders formuliert handelt es sich dabei – angelehnt an ein Bild aus der Schauspielerei – um einen bestimmten Charakter, den Sie in der Firma spielen wollen. Sind Sie Herrscher oder Mitläufer, Clown oder Bedenkenträger, Innovationsgeber oder Stopper? Wir alle haben mehrere berufliche Rollen, die wir einnehmen können und die das Ergebnis unserer Erfahrungen sind.

Schon als Kind und später als Schüler oder Erwachsener haben wir gelernt, welche Rollen uns zu unseren Zielen verhelfen und welche gut zu unserer Persönlichkeitsstruktur passen. Also spielen wir diese Rollen in unserem Leben weiter. Mit dem Wort »spielen« ist in diesem Zusammenhang nicht gemeint, dass wir die Rolle nicht authentisch verkörpern. Wir *sind* die Rolle, und so, wie wir uns geben, fühlt es sich normal und bekannt an.

Wir greifen immer auf die Rollen zurück, die wir kennen, auch wenn wir andere potenzielle Rollen in uns haben. Als ruhiger und kompromissbereiter Mensch können wir sicherlich auch mal aggressiv und aufbrausend reagieren. Genauso ist in einer lauten und sehr extrovertierten Person auch ein unsicherer und schüchterner Teil verborgen. Je flexibler wir in unserem Leben sind, desto besser können wir auf die unterschiedlichsten Anforderungen antworten.

Was bedeutet das für unser Berufsleben? Ein Chef muss als Führungskraft lernen, in die Rolle der Leitfigur zu schlüpfen, zumindest gegenüber den Mitarbeitern. Sie brauchen ihn als Motivator und Visionär, aber auch als Experten und Vorbild. Spricht der Chef dagegen mit seinem eigenen Vorgesetzten, sollte er diese Rolle zumindest zum Teil verlassen und die des Untergebenen und Umsetzers ausfüllen.

Wenn er aber abends nach der Arbeit nach Hause geht, kommen noch einmal ganz andere Herausforderungen auf ihn zu. Dann ist er vielleicht Ehemann, Geliebter, Vater, Freund usw. Es geht also nicht darum, *die* eine Rolle zu finden, die Sie im Beruf gerne einnehmen möchten. Denn die Anforderungen, die an Sie gestellt werden, erfordern Flexibilität. Dennoch haben Sie bestimmte Vorlieben, und Sie werden auf Dauer wahrscheinlich nur dann im Job zufrieden sein, wenn Sie weitestgehend die Rolle übernehmen können, die Ihnen am liebsten ist und mit der Sie vertraut sind.

Zunächst einmal sollten Sie wissen, welche typischen beruflichen Rollen es überhaupt gibt. Vor einiger Zeit erschien dazu ein interessanter Artikel in der Zeitschrift brand eins (*Thomas Ramge: Das Ich und die Organisation, in: brand eins, 06/2009, S. 84 ff.*). Hier wurden Mitarbeiter in vier Kategorien eingeteilt:

- **Wir-in-der-Firma-Mitarbeiter oder hoch identifizierter Hochleister**
- **Söldner oder nicht identifizierter Hochleister**
- **Verbitterter oder hoch identifizierter Minderleister**
- **Faulenzer oder nicht identifizierter Minderleister**

Zugegeben sind das Formen von Mitarbeiterrollen, die sich erst im Laufe der Zeit herausbilden. Und nicht solche, die von vornherein in unserer Karriere-DNA enthalten sind. Diese Rollen haben sich aufgrund der Erfahrungen, die wir in unse-

Bausteine der Karriere-DNA

rem Leben gemacht haben, entwickelt. Sie sind sehr wichtig und bestimmen im Wesentlichen auch unseren weiteren beruflichen Weg.

Wir-in-der-Firma-Mitarbeiter oder hoch identifizierter Hochleister

Dieser Mitarbeitertyp identifiziert sich voll und ganz mit seinem Unternehmen und seinen Aufgaben. Er empfindet sich als Teil des Ganzen und ist dabei authentisch. Das heißt, er fühlt sich eins mit seiner Firma und durchlebt deren Hochs und Tiefs emotional mit. Das Unternehmen ist ein Teil seiner Persönlichkeit, sein Baby und/oder sein Zuhause. Seinen Arbeitgeber empfindet er als fair, zumindest so lange, wie er selbst im System gehalten wird.

Aus welchen Gründen auch immer er aus der Firma ausscheidet, es bricht für ihn eine Welt zusammen. Er fühlt sich so, als würde man ihm den Boden unter den Füßen wegziehen, und für sein weiteres (berufliches) Leben sieht er kaum Perspektiven. Die Identifizierung mit seinem alten Unternehmen ist immer noch zu groß.

Diesen Mitarbeitertyp trifft man z.B. häufig in Familienunternehmen oder auch in Firmen, die an langfristigen Arbeitnehmerbindungen interessiert sind. Auch in amerikanisch geführten Unternehmen ist man häufig davon überzeugt, dass Mitarbeiter sich zu hundert Prozent mit ihrer Firma identifizieren und ein Wir-Gefühl leben. Hier muss man aber aufpassen. Das Wir-Gefühl wird dort oftmals als Marketinginstrument nach vorn gestellt, allerdings ist diese Identifikationskultur nicht auf Dauer angelegt.

Gleiches gilt z.B. für (junge) Internetunternehmen. Eines davon habe ich selbst mit aufgebaut; in dieser Zeit zählte ich auch zu den hoch identifizierten Hochleistern. Dies hielt aber nur so lange an, wie ich dort tätig war. Irgendwann stellte ich fest, dass ich nur eine Nummer bin, die abgehakt ist, wenn sie sich nicht mehr in das System einordnet. Ich habe mich danach nie wieder so stark mit einer Firma solidarisiert und festgestellt, dass ich mich trotzdem bis zu einem gewissen Grad mit Unternehmen und Produkten identifizieren kann, verbunden mit einem professionellen Abstand.

Auch wenn der berufliche Wechsel für diesen Mitarbeitertyp in den meisten Fällen nicht einfach ist und er oft durch ein Tal der Tränen gehen muss, findet er wieder eine Firma, wo er sich zu Hause fühlen kann. Oder er denkt noch einmal darüber nach, ob diese Mitarbeiterrolle in seinem Berufsleben wirklich hilfreich ist.

Dazu sagt Tobias, 35 Jahre alt, aus Stuttgart: »Ich finde mich in dieser Mitarbeiterrolle total wieder. Ich bin immer motiviert und will im Job einfach alles geben. Alles andere macht für mich keinen Sinn. Doch dadurch entsteht die Gefahr, dass die Firma mich auch schnell aussaugt. Ich habe vor einigen Jahren in einem Internetunternehmen angefangen, in einem recht übersichtlichen Team von zehn Personen. Wir hatten das Ziel, uns am Markt ein dickes Stück vom Kuchen abzuschneiden und es den großen Anbietern zu zeigen. Dafür haben wir alle gekämpft und nächtelang in unseren Büros gearbeitet. Nachts um 23.00 Uhr wurden Meetings angesetzt, und wir haben gerne auch noch um diese Zeit gearbeitet. Zu tun gab es immer genug. Das war für uns kein Opfer, sondern Spaß. Es war unsere Firma, und wir haben uns alle mit ihr identifiziert.«

Söldner oder nicht identifizierter Hochleister

Durch den schnellen gesellschaftlichen Wandel wird von uns große Flexibilität gefordert. Passend dazu hat sich ein zweiter Mitarbeitertyp herausgebildet, den man als Söldner bezeichnen könnte. Das Unternehmen, für das er arbeitet, ist für ihn austauschbar. Er hat kaum eine emotionale Bindung zu der Kultur, den Produkten oder Dienstleistungen seiner Firma.

Viele Beratungsunternehmen und große Rechtsanwaltskanzleien beschäftigen für zwei oder drei Jahre junge Absolventen, in der Gewissheit, dass sie die Firma nach diesem Zeitraum wieder verlassen werden. Das ist so gewollt, und die Struktur des Betriebes ist darauf ausgerichtet, ständig neue, junge und »preiswerte« Mitarbeiter anzustellen. Diesen Mitarbeitertyp findet man auch häufig im Vertrieb, in dem es oft einen regelmäßigen und schnellen Wechsel der Positionen gibt. Das Ganze hört sich vielleicht schrecklich an, hat aber für beide Seiten, Mitarbeiter und Unternehmen, erhebliche Vorteile. Man arbeitet für eine gewisse Zeit zusammen, in der es passt und beide Seiten etwas voneinander haben. Und dann trennt man sich wieder, wenn eine der beiden Parteien das Gefühl hat, nicht mehr von der anderen zu profitieren.

Vera, 45 Jahre alt und Vertriebsleiterin, meint: »Ich zähle mich heute ganz klar zu der Gruppe der Söldner. Am Anfang meiner beruflichen Karriere war ich kurzfristig auch mal hoch identifizierter Hochleister. Ich habe aber schnell gemerkt, dass ich manipulierbar bin, wenn ich mich mit meinem Unternehmen übermäßig identifiziere. Es fiel mir damals schon schwer, mehr Gehalt zu fordern, weil ich dem System zu verbunden war und nicht mehr mit nötigem Abstand Entscheidungen fällen konnte.

Heute ist für mich der Job ein Job, nicht mehr und nicht weniger. Ich arbeite gerne und investiere viel Energie. Aber nur dann, wenn auch die Gegenleistung stimmt, also die Bezahlung. Sonst würde ich gehen. Dieses Söldnertum schützt mich besser vor beruflichen Enttäuschungen.«

Verbitterter oder hoch identifizierter Minderleister

Warum verbittern Mitarbeiter und nehmen diese Rolle ein? Weil sie das Arbeitsleben desillusioniert hat. Vielleicht waren sie irgendwann einmal ein hoch identifizierter Hochleister und wurden dann vom Firmensystem tief enttäuscht. In vielen Fällen wird die damit verbundene emotionale Frustration nicht aufgearbeitet, sondern verdrängt. Und heraus kommt dann der verbitterte oder auch hoch identifizierte Minderleister. Das passiert vielfach Menschen, die noch sehr unerfahren sind und ihr Berufsleben zu naiv angehen. Oder auch Leuten, die in der Firma Freunde oder einen Familienersatz suchen. Das sind unrealistische Vorstellungen. Denn auch wenn das Unternehmen vorgibt, am Wohl und Befinden des Mitarbeiters interessiert zu sein, handelt es, wenn es hart auf hart kommt, doch in fast allen Fällen nach rationalen Prinzipien.

Häufig findet man auch in großen Konzernen viele niedergeschlagene Mitarbeiter, die mit der Führung, der mangelnden Kommunikation oder auch den permanenten Veränderungen unzufrieden sind. Die Ereignisse in den letzten Jahren – die fehlende Moral in den Vorstandsetagen, der massive Abbau von Personal, die Zuweisung zu vieler Aufgaben an den einzelnen Mitarbeiter und die daraus resultierende Überforderung – haben dazu geführt, dass die Zahl der Verbitterten deutlich gestiegen ist.

Jürgen, 45 Jahre, aus Bonn: »Ich arbeite seit mittlerweile fast 20 Jahren in einem der größten deutschen Unternehmen. Gestartet bin ich mit viel Engagement. Aber die Jahre und die beruflichen Erfahrungen haben mich verändert. Das sagt zumindest meine Frau, die diese Veränderungen schlimm findet. Ich selbst bin darüber auch nicht glücklich. Seit Jahren bange ich immer wieder um meinen Arbeitsplatz. Es gibt eine Restrukturierung nach der anderen, und keiner von uns wird so richtig informiert. Das hat zur Folge, dass ich mich fast ausschließlich mit der Unternehmenspolitik beschäftige und die eigentliche Arbeit auf der Strecke bleibt. Das kann ja nicht im Sinne der Firma sein. Ich trage kaum noch zu großen Leistungen bei, dazu habe ich gar keine Zeit. Durch dieses ganze Hin und Her bin ich mittlerweile ziemlich deprimiert. Und ich weiß auch nicht, wie ich da wieder herauskommen soll.«

Faulenzer oder nicht identifizierter Minderleister

Will oder kann dieser Mitarbeitertyp nicht? Wenn er kann, aber nicht will, ist die Frage, warum das so ist und ob er nicht nur die Rolle eines Verbitterten einnimmt. In jedem Unternehmen gibt es Faulenzer, die sich von den anderen mittragen lassen. Sie versuchen, den ganzen Tag geschäftig zu tun, kümmern sich aber um nichts anderes als Privatangelegenheiten.

Ärgerlich für die Firma, aber immerhin verbreitet der nicht identifizierte Minderleister keine schlechte Stimmung so wie der Verbitterte. Sein Job dient ihm ganz pragmatisch als Sicherung des Lebensunterhaltes, was eine gewisse Nähe zu der Rolle des Söldners herstellt. Beide gehen recht emotionslos an ihre Arbeit heran, mit dem Unterschied, dass der Söldner sie pflichtgemäß erfüllt.

Unzufriedenheit am Arbeitsplatz aufgrund zu weniger Aufgaben und Unterforderung kennt der Faulenzer nicht, da er seine Befriedigung im Wesentlichen aus seinen Freizeitaktivitäten zieht. Er geht laufen, fährt Fahrrad oder ist in Vereinen aktiv. Er hat in jedem Fall einen strammen privaten Terminkalender. Das, was er in seinem Job zu wenig macht, holt er in der Freizeit auf.

Doris aus Wuppertal: »Wer bezeichnet sich selbst schon gerne als faul? Ich bin es jedenfalls nicht, denn ich habe einen großen Haushalt zu organisieren und muss mich um die Erziehung meiner Kinder kümmern. In meinem Job bringe ich dagegen nicht so viel Leistung. Gerade das, was nötig ist – das gebe ich offen zu. Aber nur, weil ich privat oft Stress habe. Es gibt in meinem Bereich einige jüngere Frauen, die keine Kinder haben. Ich bin der Meinung, dass die dann auch etwas mehr arbeiten können als ich.«

Die vier genannten Typen zeigen, mit welcher inneren Haltung Mitarbeiter ihren Job ausüben. Diese Rollen sind nicht expliziter Bestandteil der Karriere-DNA, sondern Ergebnis und Ausdruck beruflicher Erfahrungen und deren Konsequenzen.

Daneben gibt es berufliche Rollen, die wir in unserem Job gerne einnehmen und die sich durch unsere Erziehung und Persönlichkeitsmerkmale herausgebildet haben. Sie spiegeln sich in unserer Karriere-DNA wider und zeigen weniger unsere Einstellung zum Unternehmen und zur Arbeit als vielmehr die Art und Weise, wie wir die Dinge angehen. Diesen Rollen wollen wir uns im nächsten Teil widmen.

Welche beruflichen Rollen, die die Karriere-DNA mitdefinieren, gibt es also? Es sind:

- **Unternehmer im Unternehmen**
- **Politiker**
- **Bürokrat**
- **Innovationsgeber**
- **Introvertierter Denker**
- **Bedenkenträger**
- **Revolutionär**

Um es noch einmal deutlich zu machen: Der Politiker kann ein Söldner, ein hoch identifizierter Hochleister oder auch ein Verbitterter sein. Je nachdem, mit welcher inneren Haltung er seine Arbeit in einem Unternehmen angeht. Gleiches gilt für die anderen oben aufgeführten Rollen.

Unternehmer im Unternehmen

Menschen, die bei anstehenden Projekten und Problemen die Ärmel hochkrempeln und lösungsorientiert an die Sache herangehen, sind die klassischen Unternehmer im Unternehmen. Schon auf dem Spielplatz oder in der Schule haben sie sich dadurch ausgezeichnet, sehr schnell auf Ziele zuzusteuern und die anderen mitzuziehen. Lange und komplizierte Diskussionen über den Sinn einer Sache zu führen ist nicht ihre Welt, sie wollen handeln und Dinge bewegen.

Häufig sind diese Unternehmertypen entweder selbstständig oder in den obersten Führungsetagen zu finden. Ihr Pragmatismus verhilft ihnen zu Erfolgen, und wenn sie noch ein wenig politisches Geschick mitbringen, steht dem steilen Aufstieg auf der Karriereleiter nichts im Wege.

Hierzu meint Christian aus Köln: »Wenn ich die berufliche Rolle, die ich gerne einnehme, beschreiben sollte, dann ist das die eines Unternehmers. Ich nehme die Dinge gern in die Hand, das war schon immer so. Zu viel Gelaber und lange Abstimmungen sind nicht mein Fall. Ich will in meinem Leben etwas bewegen.

Dafür setze ich mir klare Ziele und überlege mir, was ich tun muss, um sie zu erreichen. Menschen, die mich mit ihrer Zögerlichkeit oder Diskussionsfreude behindern, sind mir ein Gräuel. Ganz genauso wie Typen, die immer das Haar in der Suppe suchen: die sogenannten Bedenkenträger. Die machen in meiner Firma mittlerweile auch einen großen Bogen um mich, weil sie genau wissen, dass ich nicht gut auf sie zu sprechen bin.

Ich war mir am Anfang gar nicht so sicher, wie weit ich auf der Karriereleiter nach oben kommen möchte. Das hat sich dann fast von allein ergeben. Wichtig war mir immer, dass ich eine führende Rolle einnehmen kann. Das ist einfach mein tiefes Bedürfnis. Wenn man mich nur parken würde und Dinge abarbeiten ließe, wäre ich todunglücklich. Heute bin ich Bereichsleiter in einem Konzern mit 2000 Mitarbeitern. Mein Arbeitgeber schätzt mein unternehmerisches Denken und Handeln. Aber ich muss auch betonen, dass ebenso politisches Agieren sehr wichtig ist, um oben zu bleiben.«

Christian hat anscheinend den Job gefunden, der zu ihm passt. Er gestaltet gerne und übernimmt Verantwortung. Genau das macht einen Unternehmer im Unternehmen aus.

Menschen, die diese Rolle gerne übernehmen, haben häufig eine starke Ausprägung der Werte Anerkennung, Idealismus, Macht, Status, Prestige, aber auch Neugier und Unabhängigkeit – mit jeweils unterschiedlicher Gewichtung. Ihr berufliches Ziel lautet Selbstverwirklichung und/oder Karriere.

Politiker

Unternehmenspolitik ist eine wichtige Sache, das wissen wir alle. In der Politik geht es darum, die internen Machtstrukturen kennenzulernen und sie für sich zu nutzen. Wer hat etwas zu sagen, wer wird gerade entmachtet, wie sehen die internen Seilschaften aus, was sind die persönlichen Ziele der Key-Personen?

Auch wenn Unternehmenspolitik wichtig ist, gibt es nur wenige Menschen, die sich in der Rolle des Politikers wohlfühlen und sie gerne im Berufsalltag einnehmen möchten. Es geht dabei hauptsächlich darum, sich mit dem Austausch neuer Informationen zu beschäftigen. Politiker sind sehr gut in der Firma vernetzt und regelmäßig dabei, ihre Daten zu aktualisieren. Sie halten sich oft in den Büros anderer Kollegen auf, um so viel wie möglich mitzubekommen, und versuchen bei jeder Veranstaltung, mit den wichtigen Personen in Kontakt zu kommen. Manchmal drehen sie sich wie das Fähnchen im Wind und vertreten Meinungen, auf die zuvor keiner gekommen wäre. Das tun sie dann, wenn es ihnen politisch und taktisch einen Vorteil bringt. Sie gehen klug und mit Bedacht an neue Aufgaben heran und versuchen vorher auszuloten, wie und mit wessen Hilfe sie am besten bewältigt werden können.

Melanie aus Bielefeld sagt: »Niemals könnte ich wie ein Politiker agieren. Ich wünschte manchmal, das wäre so, dann würde mir in meiner Firma vieles leichter fallen. Ich kenne aber einen Kollegen, der diese Rolle mit der Muttermilch aufgesogen haben muss und dabei äußerst erfolgreich ist. Er ist Mitte 30 und Betriebswirt. Direkt nach dem Studium hat er bei uns, einem weltweit aktiven Versorgungsunternehmen, angefangen. Am Anfang fand ich ihn einfach nur unsympathisch und undurchsichtig. Ich hatte das Gefühl, dass ich sein wahres Gesicht nicht erkennen kann. Hinzu kam, dass er in den ersten Monaten weniger an seinem Schreibtisch saß und arbeitete, sondern permanent mit anderen Kollegen auf den Fluren oder in deren Büros herumhing. Keine Ahnung, was die miteinander besprachen, und innerlich war ich schon überzeugt, dass er es hier nicht lange machen würde.

Aber genau das Gegenteil trat ein. Er hat sich schnell die Gunst des Vorstandes erarbeitet und herausgefunden, wie man am geschicktesten Abteilungsergebnisse präsentiert und wen man wann ansprechen muss, um Projekte durchzubekommen. Sein taktisches Vorgehen habe ich erst sehr viel später durchschaut. Und auch wenn ich nicht so bin wie er, habe ich heute großen Respekt vor ihm. Innerhalb von fünf Jahren ist er dreimal befördert worden und mittlerweile auf der Bereichsleiterebene. Er scheint an der Rolle des Politikers Spaß zu haben.«

Melanie würde sich selbst ganz sicher nicht in der Rolle des Politikers wohlfühlen. Sie hat aber genau beobachtet, wie Menschen handeln, die sich diesen Hut gern aufsetzen.

Politikerrollen gehen oftmals mit den Werten Anerkennung, Ehre, Macht, Status und Prestige einher. Ein dazu passendes berufliches Ziel ist der Wunsch, Karriere zu machen, hin und wieder gepaart mit dem starken Drang nach Selbstverwirklichung.

Bürokrat

Bürokraten lieben Vorschriften, die ihnen die Berechtigung geben, sich an bestimmte Strukturen und Prozesse zu halten. Sie bestehen auf Einhaltung dieser Regeln und sind wenig kompromissbereit, wenn man die bekannten Pfade verlassen möchte oder nach kreativen Möglichkeiten fragt.

Bürokratie und Ordnung vermitteln vielen Menschen ein Gefühl von Sicherheit im Leben. Hierdurch schaffen sie sich einen vorgegebenen Rahmen, der definiert, wie was zu machen ist. So werden sie kaum mit Überraschungen oder Situationen konfrontiert, die Kreativität und Einfallsreichtum erfordern.

Ordnung und Struktur sind in einigen Berufen und bestimmten Abteilungen in Unternehmen sehr wichtig. Typische Bereiche sind die Buchhaltung, das Rechnungswesen, Controlling, Qualitätsmanagement oder auch der Rechtsbereich. Hier sollten Mitarbeiter arbeiten, die die Rolle des Bürokraten gerne ausüben. Denn es ist erforderlich, gesetzliche Vorgaben einzuhalten und zu überwachen.

Horst aus Gelsenkirchen: »Ich bin Buchhalter in einem mittelständischen Unternehmen. Ich selbst würde mich zwar nicht als Bürokraten bezeichnen, weil das irgendwie so negativ klingt, aber die Beschreibung passt wohl schon zu mir. Ich mag es, wenn Vorschriften eingehalten werden. Das befriedigt mich. Alles hat dann seine Ordnung. Meine Eltern sind beide Beamte und in einer Verwaltungsbehörde tätig. Vielleicht habe ich da die Rolle des Bürokraten vorgelebt bekommen, keine Ahnung. Wobei, meine Schwester ist ganz anders als ich und schließlich in derselben Familie aufgewachsen. Sie ist Künstlerin. Damit sticht sie schon heraus.

Ich fühle mich in meiner beruflichen Rolle sehr wohl. Ich kann mir gar nicht vorstellen, im Vertrieb oder Marketing zu arbeiten. Dort wäre es mir zu ungeordnet. Ich gehe eher mit den Kollegen aus der Rechtsabteilung Mittag essen. Die ticken ähnlich wie ich.«

Matthias aus Bonn sagt dagegen: »Ich habe meine Erfahrungen mit Bürokraten gemacht und bin ganz klar zu der Überzeugung gekommen, dass ich so eine Rolle nie einnehmen möchte ... Das wäre ganz furchtbar. Ich habe jahrelang in einem Telekommunikationsunternehmen gearbeitet, im Vertrieb. Irgendwann wurde ich von einem großen Konzern aus derselben Branche angesprochen, ob ich nicht dorthin wechseln wollte, um die Vertriebsleitung zu übernehmen. Das war für mich ein sehr attraktives Angebot, auch finanziell. Anfangs dachte ich, der Vertrieb wird dort ähnlich strukturiert sein, aber weit gefehlt. Schon nach drei Monaten hätte ich aussteigen sollen. Die dortige Haltung war nämlich alles andere als dynamisch und innovativ. Es ging hier fast ausschließlich darum, bestimmte Vorgänge zu verwalten.

Ich finde mich in der Rolle des Bürokraten überhaupt nicht wieder, hatte aber das Gefühl, dass genau das von mir erwartet wird. Ich habe Verständnis dafür, dass ehemalige staatliche Unternehmen anders funktionieren, aber so krass hatte ich mir das wirklich nicht vorgestellt. Einfach unglaublich, welche Formulare auszufüllen und vorgegebenen Wege einzuhalten sind. Wenn ich das alles beachten würde, ist der Kunde lange weg, bevor ich überhaupt aktiv werden kann.«

Bei Horst passen die Vorlieben perfekt zu seinem jetzigen Job. Hier herrschen Ordnung und Struktur. Er vermisst keine neuen Anforderungen oder Bewegungsspielraum. Anders ist es bei Matthias. Für ihn sind klare und feste Strukturen im Arbeitsleben einengend. Er tut sich daher keinen Gefallen, wenn er in einem Unternehmen arbeitet, das sehr bürokratisch aufgestellt ist.

Würde man Horst nach seinen beruflichen Werten fragen, dann wäre man nicht überrascht, wenn er Ordnung, Beständigkeit und Ehre – vielleicht noch Harmonie und Beziehungen nennen würde. Die passen ideal zur Rolle des Bürokraten. Berufliche Ziele, die hiermit einhergehen, sind ein sicherer Arbeitsplatz, eine menschliche Arbeitsatmosphäre oder auch Work-Life-Balance.

Innovationsgeber

Innovationsgeber sind Menschen mit vielen Ideen und Visionen, die gern quer und anders denken. Künstlertypen, die versuchen, immer wieder Neues zu entwickeln und auszutüfteln.

Für diejenigen, die diese berufliche Rolle leben möchten, ist es wichtig, ein entsprechendes Umfeld vorzufinden. Innovationsgeber machen sich oft selbstständig, weil sie viel Freiheit benötigen, um ihre Ideen auch verwirklichen zu können. In Firmen lässt sich die Rolle des Innovators meistens gut in den Abteilungen Marketing, Business Development oder Entwicklung umsetzen. Das hängt jedoch auch immer von der Kultur des Unternehmens ab. Es gibt z. B. ganz unterschiedliche Marketingabteilungen. Solche, in denen Kreativität gefordert wird, und andere, die ihre Aufgaben nach Schema F erledigen und in denen es wenig Spielraum für Ideen gibt, trotz eigentlicher Stellenbeschreibung.

Eva, 34 Jahre alt, aus Rosenheim sagt: »Ich habe schon immer andere Wege eingeschlagen als die meisten. Mit dem Strom zu schwimmen war noch nie mein Ding. Zu Weihnachten wünschte ich mir als Kind Fischertechnik und Chemiebaukästen, Barbies und Puppen waren für mich total langweilig. Sehr zum Bedauern meiner Eltern. Aber ich wollte einfach herumexperimentieren und neue Erfahrungen machen. Das hat sich eigentlich auch nie verändert. Ich habe später eine Ausbildung zur MTA gemacht und im Anschluss Chemie und Biologie studiert.

Heute arbeite ich in der Forschung und kann mich richtig ausleben. Klar, es gibt auch Zeiten mit viel Routine. Aber das macht nichts, denn ich werde dafür bezahlt, dass ich Neues ausprobiere und bekannte Wege infrage stelle. Meine Eltern sind mittlerweile froh darüber, dass sie mir den Chemiebaukasten zu Weihnachten geschenkt haben.«

Eva hat den richtigen Job gefunden, der zu ihr passt. Werte, die sich dahinter verbergen können, sind Anerkennung, Macht, Status, Prestige, aber auch Neugier, Unabhängigkeit und Idealismus.

Ein sicherer Arbeitsplatz stellt weniger ein berufliches Ziel des Innovationsgebers dar. Für ihn stehen vielmehr Selbstverwirklichung, vielleicht auch Karriere und intellektuelle Herausforderung im Vordergrund.

Introvertierter Denker

Menschen in der Rolle des introvertierten Denkers wirken oftmals sehr ruhig und in sich versunken. Sie ziehen sich zurück, um alles zu reflektieren. Meistens haben sie einen sehr ausgeprägten analytischen Persönlichkeitsanteil.

Diese Eigenschaft ist in Firmen insbesondere in Finanzbereichen, in der Technik und Entwicklung gefragt. Auch Wissenschaftler, Professoren oder Anwälte lieben diese Rolle. Würden sie das nicht tun, hätten sie den falschen Beruf gewählt. Weil der Denker ein eher leiser Mensch ist, ist er meistens weniger glücklich in Jobs, bei denen das Selbstmarketing und die Selbstdarstellung wichtig sind. Daher arbeitet er seltener im Vertrieb, Marketing oder auch in der Presseabteilung.

Artur aus Wuppertal, 39 Jahre, meint: »Schon als Kind wurde ich von den anderen immer Professor genannt. Das fand ich damals nicht so witzig. Ich habe gerne gelesen und war viel mit mir allein beschäftigt. Daher hatte ich kaum Anschluss zu den anderen Kindern. Meinen Eltern hat das Sorge bereitet, und manchmal musste ich dann einfach mit auf den Spielplatz. Ich habe mich da richtig schwergetan, wurde viel gehänselt und als Besserwisser und Einzelgänger abgestempelt.

Ich bin ein introvertierter Typ, und das wird sich wohl nie ändern. Um mich auch im Job wohlzufühlen, brauche ich viel Zeit für mich. Ich bin Techniker in einem Spezialbereich der erneuerbaren Energien und löse sehr komplexe Fragestellungen. Dabei muss ich meine Ruhe haben. Dieses ganze Teamgeklüngel finde ich schrecklich. Am Anfang haben meine Kollegen immer wieder versucht, mich in die Gruppe zu integrieren, wollten mich zum Mittagessen mitnehmen usw. Ich glaube, die konnten sich einfach nicht vorstellen, dass ich gerne allein bin. Das ist sowohl beruflich als auch privat so. Ich verbringe ganze Wochenenden ohne Kontakt zu anderen. Ich habe zwar Freunde, aber die ticken genauso. Am liebsten kommuniziere ich über das Internet. Mittlerweile haben sich die Kollegen daran gewöhnt. Auch die nennen mich inzwischen Professor und wissen meine Fähigkeiten, mich tief in eine Materie einzuarbeiten und so lange zu tüfteln, bis ein Problem gelöst ist, zu schätzen.«

Wie gut, dass Artur den geeigneten Arbeitsplatz gefunden hat, der sich mit seiner Rolle des introvertierten Denkers kombinieren lässt. Für introvertierte Denker sind Werte wie Ordnung, Beständigkeit, aber auch Neugier und Idealismus besonders wichtig.

Bedenkenträger

Die Rolle des Bedenkenträgers hat viel mit der des Bürokraten gemein. Beide möchten möglichst alle Risiken ausschließen. Allerdings gibt es auch klare Unterschiede.

Der Bürokrat hält sich strikt an die Regeln und setzt sie in der Praxis um. Der Bedenkenträger beleuchtet dagegen ein Problem immer wieder von verschiedenen Seiten und bleibt meistens bei den Risiken hängen. Gut ist, dass er auf vermeintliche Gefahren aufmerksam macht und andere darauf hinweist. Das ist allerdings nur so lange konstruktiv, wie er selbst in der Lage ist, Problemlösungen anzunehmen. Häufig stellt er sich quer und blockiert Entscheidungen. Da er grundsätzlich mit einer pessimistischen Einstellung durchs Leben geht, kann seine Unsicherheit über die Richtigkeit eines Beschlusses kaum mit guten Argumenten aufgelöst werden.

Bedenkenträger sehen sich selbst in der Funktion des Achtung!-Zeichens im beruflichen Verkehr. Sie denken in diffizilen und ganzheitlichen Systemen und beziehen daher bei jeder Entscheidung viele Faktoren mit ein. Das führt oft zu einer Erhöhung der Komplexität, hat aber auch deutliche Vorzüge. Eventuelle Risiken einer Entscheidung werden von vornherein mit betrachtet. Es gibt nur selten nachträglich große Überraschungen oder Katastrophen, da der Bedenkenträger bereits alles genau durchdacht hat.

Das klassische Bild eines Bedenkenträgers verkörpert unter anderem der Jurist, der vor jedem Entschluss gerne sämtliche Konsequenzen abwägt. Mittlerweile ist er jedoch sowohl bei einer Beschäftigung in einer großen Firma als auch in einer Anwaltskanzlei mehr und mehr gefordert, das Tempo, das vom Vorstand oder auch vom Mandanten vorgegeben wird, mitzugehen. So ist er unter Umständen gezwungen, sich von seiner Rolle zu lösen.

Laura aus Münster sagt: »Ich bin Rechtsanwältin in einer großen Kanzlei. Meine Examina habe ich mit so guten Noten bestanden, weil ich sehr analytisch denke, alles immer wieder von vielen Seiten beleuchte und Ergebnisse infrage stelle. Im ersten Jahr meiner beruflichen Tätigkeit habe ich ausschließlich Gutachten erstellt. Der Partner, dem ich zugearbeitet habe, war sehr zufrieden mit meiner Leistung. Dann kam aber die Zeit, in der ich mehr und mehr direkten Mandantenkontakt hatte. Einige davon, hauptsächlich Geschäftsführer, haben von mir kurzfristig rechtliche Einschätzungen verlangt, die ich so schnell nicht liefern konnte. Das fiel mir äußerst schwer. Ich habe erst nach und nach gelernt, auch mal 80%ige Lösungen anzubieten. Doch richtig zufrieden bin ich damit nicht.«

Eigentlich hat Laura den richtigen Job gefunden. Ihre Rolle als Bedenkenträger passt zu dem, was man von ihr erwartet. Das kann sich aber ändern, wenn sie zunehmend schnelle Entscheidungen treffen muss, um ihre Mandanten zufriedenzustellen. Für diesen Fall sollte sie eine weitere Rolle, die sie sicher auch in sich hat, trainieren, wie z. B. den Unternehmer im Unternehmen.

Berufliche Werte des Bedenkenträgers sind oftmals Ordnung, Beständigkeit oder Ehre. Zu seinen Zielen zählt vor allem ein sicherer Arbeitsplatz, aber durchaus auch die intellektuelle Herausforderung.

Revolutionär

Menschen mit einer kämpferischen Grundhaltung, die immer wieder Altbewährtes anzweifeln und sich für Veränderungen einsetzen, üben die Rolle des Revolutionärs aus. Sie stoßen andere häufig vor den Kopf und können schon mal sehr unbequem werden. Dafür werden sie gleichermaßen geliebt und gehasst. Revolutionäre mögen den starken Auftritt und bleiben dadurch anderen Menschen in Erinnerung.

Dazu meint Frank aus Würzburg: »Im Laufe der Jahre habe ich mich sehr verändert. Im Studium und auch in den ersten acht Jahren meiner Berufstätigkeit war ich der Revoluzzer. Es gab kaum einen Tag, an dem ich nicht mit den Kollegen oder meinem Chef Konflikte hatte. Ich bin permanent angeeckt und habe immer einen Grund gefunden, dagegen zu sein. Im Nachhinein lache ich darüber.

Vielleicht lag mein Getue daran, dass ich früher oft kleingemacht wurde und irgendwann einfach nur ausbrechen wollte. Das hat sich dann schlagartig geändert, als ich heiratete und wir unser erstes Kind bekamen. Die damit verbundene Verantwortung hat mich, deutlich ruhiger gemacht. Heute lege ich mich im Job nur noch selten an. Meine Familie ist das Wichtigste für mich, und ich tue alles dafür, sie zu schützen. Und dazu gehört es auch, nicht wegen persönlicher Befindlichkeiten meinen Arbeitsplatz zu riskieren. Echt erstaunlich, wie sehr man sich im Laufe seines Lebens wandeln kann.«

Dem Revolutionär geht es häufig um das Ausleben der Werte Anerkennung, Macht, Ehre, aber auch Unabhängigkeit und Idealismus. Als berufliches Ziel fokussiert er gerne die Selbstverwirklichung.

Der dritte Baustein Ihrer Karriere-DNA ist die Rolle, die Sie im Job einnehmen. Jeder Mensch bevorzugt eine andere. Welche das ist, hängt von unserer Erziehung und von unserem Persönlichkeitstyp ab. Wir tragen nicht nur eine, sondern viele Rollen in uns. Daher sollten wir versuchen, uns im Beruf an verschiedene Situationen anzupassen. Das macht unser Leben deutlich einfacher.

Zusammenfassung von KAPITEL 1

- Es gibt nicht *einen* einzigen richtigen und passenden Job.

- Berufliche Zufriedenheit kann sich nur dann einstellen, wenn wir die Bausteine unserer Karriere-DNA kennen und die dazu passende Unternehmens-DNA finden.

- Jeder Mensch besitzt eine andere Karriere-DNA. Die drei Elemente, die darin enthalten sind, lauten: berufliche Werte, berufliche Ziele und berufliche Rollen.

Bausteine der Karriere-DNA

2. KAPITEL

Die Karriere-DNA in verschiedenen Berufsstadien

Sie kennen nun die drei Bausteine der Karriere-DNA und wissen, dass diese Elemente bei jedem Menschen unterschiedlich ausgeprägt sind. Daran schließt sich die Frage an, warum Ihre Karriere-DNA so ist, wie sie ist. Wer oder was hat festgelegt, was Ihre Werte, Ziele und Rollen sind? Denn vielleicht stellen Sie fest, dass Sie sich ganz gut einschätzen können, mit Ihren Werten und Zielen aber gar nicht einverstanden sind und sich schwertun, sie zu verändern.

Fakt ist, dass wir alle eine bestimmte Grundprägung unserer Karriere-DNA in uns tragen, die nicht komplett veränderbar ist. Es geht vielmehr darum, sich hierüber bewusst zu werden und im Einklang mit ihr zu leben. Und dennoch gibt es in Grenzen Möglichkeiten, das eine oder andere zu modifizieren. Dafür ist es wichtig, zu wissen, wovon unsere Grundprägung abhängt:

- **Genetische Prägung**
- **Erziehung**
- **Erfahrungen**
- **Gesellschaftlicher Einfluss**

In welchem Ausmaß uns die Gene beeinflussen, wissen wir noch nicht genau. Es gibt hierzu unterschiedlichste Zahlen. Aber es ist klar, dass die Gene es tun. Genauso wenig ist wegzudiskutieren, dass unsere Erziehung Spuren hinterlässt. Je älter wir werden, desto deutlicher erkennen wir sie. Und vieles, das uns schon früher wichtig war, können wir nicht einfach ablegen. Unsere Erfahrungen prägen sich genauso ein wie die Gesellschaftsbilder, mit denen wir groß geworden sind.

Es gibt aber noch einen weiteren Faktor, der die Zusammensetzung unserer Karriere-DNA bestimmt oder besser gesagt moduliert: das jeweilige Berufsstadium, in dem wir uns gerade befinden. Wie bereits angedeutet, wird unsere Karriere-DNA nicht ein ganzes Leben lang stabil sein, sondern unsere Werte, Ziele und Rollen verändern sich in gewissem Maße. Nach der Ausbildung oder dem Studium wollen wir uns ausprobieren und unser Wissen in die Praxis umsetzen. Wir wollen zeigen, was wir können, und Dinge bewegen. Außerdem geht es uns darum, endlich finanziell unabhängig zu sein. Für viele ist der Berufseinstieg mit dem Auszug aus dem Elternhaus verbunden, mit der ersten eigenen Wohnung und einem wichtigen Schritt in Richtung Selbstbestimmung und Freiheit. Wenn wir die Hürde des Berufseinstiegs genommen und uns etwas Sicherheit erarbeitet haben, möchten wir weiterkommen. Wir möchten vielleicht einen neuen Status, um eine eigene Familie zu gründen.

Mit 40 Jahren ziehen wir oft eine erste große Zwischenbilanz und stellen uns die Frage, ob wir den richtigen Weg eingeschlagen haben. Was können wir (noch) Sinnvolles tun, um einen Beitrag in der Gesellschaft zu leisten? Wir überprüfen, ob wir in unserem Job glücklich sind, ob wir dort bleiben möchten oder eine Veränderung ansteht. Geld ist in dieser Lebensphase weiterhin wichtig, aber meistens mehr Mittel zum Zweck, um sich ein angenehmes Leben leisten zu können.

Halten wir also fest, dass die Werte, Ziele und Rollen in Ihrer Karriere-DNA nicht statisch sind, sondern davon abhängen, in welchem beruflichen Stadium Sie sich gerade befinden. Daher reicht es nicht aus, dass Sie sich in Ihrem Leben nur einmal mit der Frage nach diesen drei Faktoren beschäftigen. Vielmehr müssen Sie sie in regelmäßigen Abständen immer wieder stellen, um beurteilen zu können, ob die Anforderungen Ihres Berufs bzw. beruflichen Umfelds überhaupt noch zu dem passen, was Ihnen gerade wichtig erscheint.

Um zu zeigen, welche Werte, Ziele und Rollen in den einzelnen Berufsstadien vielen Menschen besonders wichtig sind und welches Berufsumfeld dazu passt, müssen wir zunächst die einzelnen Stadien festlegen. Wir unterscheiden:

- **Berufseinstieg**
- **Aufbaujahre**
- **Erntejahre**
- **Berufsaustritt**

Wir steigen mit der Absicht in den Beruf ein, uns eine bestimmte Position zu erarbeiten und womöglich zu versuchen, im Unternehmen aufzusteigen. Wenn wir erste Erfolge erreicht und einen geeigneten Platz gefunden haben, möchten wir die Früchte unserer Arbeit ernten. In den letzten beruflich aktiven Jahren geht es uns darum, den eigenen Austritt vorzubereiten und vielleicht noch Projekte umzusetzen, die uns wichtig erscheinen.

Berufseinstieg

Je nachdem, welche Ausbildung oder welches Studium Sie absolviert haben, steigen Sie im Alter zwischen 18 und 30 Jahren in den Job ein. Sicher haben die meisten von Ihnen schon mehrere Praktika absolviert oder andere erste Erfahrungen im Arbeitsleben gesammelt. Doch jetzt geht es für Sie darum, den Einstieg richtig zu gestalten und mit Ihren Leistungen zu überzeugen.

Dabei stellen Sie sich vermutlich die Frage, ob Sie sich in der Praxis bewähren und die Erwartungen Ihres ersten Arbeitgebers erfüllen können. Denn gerade der Einstieg ist für uns alle so wichtig, und latent schwingt oft die Angst mit, ob wir die Probezeit überhaupt überstehen und uns für den richtigen Arbeitgeber entschieden haben.

Werte in der Phase des Berufseinstiegs

Erfahrungsgemäß sind nicht alle Werte in dieser Phase gleich wichtig. In unserem Fokus stehen häufig:

- **Anerkennung**
- **Idealismus**
- **Beständigkeit**

Durch diese Wertefokussierung zeigen wir nach außen, was wir in dieser Phase besonders dringend brauchen. Wir möchten, dass unsere Leistung und unser jahrelanges Lernen in Ausbildung und Studium (endlich) gesehen werden (Anerkennung). Wir haben große Pläne und möchten in dem Unter-

nehmen oder der Branche, für das bzw. für die wir uns entschieden haben, Veränderungen bewirken (Idealismus). Und es
ist uns wichtig, auf eigenen Füßen zu stehen und genug Geld
zu verdienen, um von den Eltern unabhängig zu sein (Beständigkeit).

Anerkennung

Sie haben viel gelernt und sich ständigen Prüfungen unter-
zogen. Nun möchten Sie Ihr Wissen in der Praxis ein- und
umsetzen. Im Studium zählten nur die Noten, vielleicht hat
Sie niemand für Ihre Leistungen und Ihr Durchhaltevermö-
gen gelobt. Jetzt ist es Ihnen wichtig, endlich anerkannt zu
werden.

Dazu sagt Tim, 28 Jahre alt, aus Bochum: »Nach dem Abitur
habe ich eine Lehre zum Bankkaufmann gemacht und danach
BWL studiert. Das hieß jahrelanges Lernen und gründliche
Vorbereitung auf Prüfungen. Großes Lob für mein Durchhal-
tevermögen habe ich kaum bekommen. Klar haben mir meine
Eltern ab und zu gesagt, dass sie stolz auf mich sind. Aber mir
geht es doch im Wesentlichen darum, endlich ein Feedback
vom Markt, von den Kunden und Vorgesetzten, zu erhalten.
Schon die Tatsache, dass ich in einem Unternehmen einen
praktischen Vorgang ganz allein abwickeln darf, ist für mich
eine gewisse Art von Anerkennung. Ich fange im nächsten
Monat in der Controllingabteilung einer Bank an und freue
mich total auf die ersten Aufgaben.«

Idealismus

Berufsanfänger gehen oft sehr idealistisch an ihren neuen Job
heran. Sie glauben, durch ihre Arbeit wesentliche Veränderungen mitbewirken zu können, auch weil sie von den politischen
Spielen in den Firmen noch nicht desillusioniert worden sind.
Im Laufe der Berufsjahre nimmt der Idealismus dann bei den
meisten Menschen deutlich ab.

Julia aus Heidelberg meint: »Ich bin jetzt seit drei Wochen in meinem ersten Job. Ich habe Marketing studiert und mich total darauf gefreut, endlich arbeiten zu dürfen.

Ich habe klare Vorstellungen davon, was ich mit meiner Arbeit bewirken will und wie ich mit meinen Kollegen und Vorgesetzten umgehen möchte. Ich werde mich nicht jedem Unternehmensklima anpassen, so viel ist klar. Und ich werde dafür kämpfen, dass ich das gleiche Gehalt verdiene wie ein Mann in derselben Position. Ich kenne so viele frustrierte Frauen, die aufgegeben haben, für die Gleichberechtigung zu kämpfen. Das wird mir nicht passieren, ganz bestimmt nicht.

Aber daneben gibt es auch inhaltliche Themen, die ich voranbringen möchte, insbesondere im Marketing. Mir wurde im Vorstellungsgespräch versprochen, dass ich eine eigene Abteilung mitgestalten und unser externes Marketing wesentlich mit beeinflussen kann. Daran glaube ich auch. Wenn es anders kommen sollte, wäre das für mich eine ganz herbe Enttäuschung. Ich habe in den ersten Wochen zwar schon gemerkt, dass in der Firma viele Entscheidungen aus mir nicht nachvollziehbaren Gründen blockiert werden, aber ich glaube fest an mich und meine Veränderungsmöglichkeiten. Ich will meine Ideen ausleben und umsetzen und werde nur in einem Unternehmen arbeiten, wo ich das auch kann.«

Beständigkeit

In Ihrer Ausbildung oder Ihrem Studium wird das Geld bestimmt immer ein Thema gewesen sein. Vom BAföG oder dem Lehrgeld allein lässt es sich nur schwer leben. Insofern werden viele von Ihnen den einen oder anderen Nebenjob gemacht haben, um sich etwas dazuzuverdienen.

Beim Berufseinstieg geht es nun erst einmal darum, in einem vertraglich gesicherten Verhältnis anzukommen und die Probezeit zu überstehen. Es gibt Ihnen ein neues Gefühl von Sicherheit, jeden Monat Ihr Gehalt zu beziehen, mit dem es erst möglich wird, weitere Pläne für die Zukunft zu schmieden.

»Ich habe während meines Studiums jahrelang von der Hand in den Mund gelebt«, berichtet Christoph aus Dortmund. »Ich will jetzt endlich ein regelmäßiges Einkommen haben. Ich konnte in den ganzen Jahren eigentlich nichts so richtig planen, weil ich nie wusste, ob das Geld wirklich reicht. Ich will zwar kein Spießer werden oder so ein Beamtentyp, das ist nicht mein Ding. Mir ist es wichtig, im Job erst mal Fuß zu fassen und etwas Sicherheit zu haben.«

Ziele in der Phase des Berufseinstiegs

Ziele, die wir in der Phase des Berufseinstiegs fokussieren, stimmen in der Regel mit unseren beruflichen Werten überein. Vielen von uns geht es in dieser Zeit erst einmal um einen sicheren Arbeitsplatz, Selbstverwirklichung und eine neue, praktische intellektuelle Herausforderung.

Das bedeutet aber nicht, dass in dieser Phase keine anderen beruflichen Ziele von Interesse sind. Vielen ist auch jetzt schon bewusst, was sie generell in ihrem Beruf erreichen möchten. Allerdings sind diese noch in der Ferne liegenden Ziele erst einmal zweitrangig.

Berufliche Rollen

Welche Rollen Sie in Ihrem Arbeitsleben einnehmen, hängt nicht vom einzelnen Berufsstadium ab. Meistens bleiben die Rollen in Ihrem (Arbeits-)Leben mehr oder weniger stabil. Sie sind Ausdruck Ihrer Persönlichkeit und Ergebnis der Erfahrungen, die gezeigt haben, mit welchem Verhalten Sie am besten durchs Leben kommen. Nur selten verändern sich die bevorzugten Rollen im Laufe der Jahre wesentlich.

Aufbaujahre

Im Alter zwischen Mitte 20 und 30 (je nach Berufseinstieg) stellt sich nach den ersten Jahren im Job eine gewisse Routine ein. Sie beherrschen Ihr Fachgebiet und kennen die Anforderungen, die an Sie gestellt werden. Zwar geht es auch hier immer wieder darum, Neues kennenzulernen, aber der Fokus richtet sich in den Aufbaujahren nicht mehr so sehr auf das Anhäufen von neuem Wissen, sondern vielmehr auf Ihre (politische) Positionierung in der Firma. Wenn es für Sie auf der Karriereleiter nicht weitergeht, steht oft auch der Wechsel in ein anderes Unternehmen an. Und viele von Ihnen planen, eine Familie zu gründen.

Werte in der Phase der Aufbaujahre

Werte, die Ihnen insbesondere in dieser Berufsphase wichtig sind, lauten:

- **Familie und Lebensqualität**
- **Macht, Status und Prestige**

In den Aufbaujahren lassen sich grob zwei Persönlichkeitstypen unterscheiden: zum einen diejenigen, die nach dem Berufseinstieg in die Familienplanung übergehen und für die die Werte Familie und Lebensqualität im Mittelpunkt stehen. Zum anderen die Menschen, denen es darum geht, möglichst schnell weit nach oben zu kommen oder sogar eine eigene Firma zu gründen. Sie fokussieren dabei vor allem die Werte Macht, Status und Prestige.

Familie und Lebensqualität

Neben dem Job eine Familie zu gründen ist nicht einfach. Viele Menschen haben das Gefühl, sich entscheiden zu müssen. Setze ich meinen Schwerpunkt besser auf Beruf und Karriere oder aufs Privatleben? Da sich die meisten von uns nicht klar festlegen können, haben wir den Anspruch, beides parallel zu verwirklichen. Häufig ist der Preis dafür innere Zerrissenheit und das Gefühl, für keinen der beiden Bereiche wirklich hundert Prozent zu geben.

Hierzu sagt Denise aus Hamburg: »Ich bin jetzt seit fünf Jahren in einer Wirtschaftsprüfungsgesellschaft als Steuerberaterin beschäftigt. In den ersten Jahren gab es für mich nur Arbeit. Mein Privatleben spielte sich – wenn überhaupt – für einige Stunden am Sonntag ab, aber meistens war ich auch an diesem Tag noch mit der Organisation der kommenden Woche beschäftigt. Jetzt bin ich fachlich relativ sicher und habe mir den erwünschten Status erarbeitet. Und nun stellt sich für mich natürlich die Frage, wie es weitergehen soll.

Ich war mir in den ersten Jahren im Job nie ganz sicher, ob ich eine Familie gründen möchte. Ich merke aber mittlerweile, dass sich meine Werte dahin gehend verändern und dieser Wunsch immer größer wird. Ich habe schon viel erreicht, mein Gehalt ist sicher, und meine anfängliche idealistische Einstellung hat sich relativiert. Ich meine damit nicht, dass mich das Arbeitsleben frustriert hat, aber ich kämpfe heute nur noch für Dinge, die ich tatsächlich auch beeinflussen und verändern kann. Und leider sind das nicht sehr viele. Also, was jetzt?

Ich möchte nicht mehr nur für die Arbeit leben. Geld ist zwar wichtig, aber nicht das Entscheidende. Ich brauche wieder mehr Zeit für mich, für Freundschaften. Ich weiß zurzeit selbst noch nicht genau, wie ich das Thema angehen soll und was ich überhaupt alles verändern möchte. Vielleicht muss ich mir tatsächlich ein neues Berufsumfeld suchen, das sich mit Familie und Privatleben verbinden lässt. In meiner Kanzlei gibt es für mich heute nicht weniger zu tun als in den ersten Jahren. Dort geht es immer weiter, und ich muss mich entscheiden, ob es das ist, was ich auch in Zukunft machen will. Vielleicht ist es sinnvoll, in ein Unternehmen zu wechseln oder in die Finanzbehörde. Ich glaube zumindest, dass ich da eine bessere Work-Life-Balance leben kann. Das mag eine naive Vorstellung sein, aber einen Versuch ist es auf jeden Fall wert.«

Macht, Status und Prestige

Für diejenigen von uns, die sich gegen eine eigene Familie entscheiden oder versuchen, diese parallel zur eigenen Karriere zu planen, stehen häufig die Werte Macht und Status im Mittelpunkt. Es geht ihnen darum, den eigenen Einflussbereich im Unternehmen zu erweitern und möglichst ganz oben mitzuspielen. Statussymbole werden erkannt und in das eigene Leben integriert. Denn über diese Symbole erkennt auch jeder von außen, dass sie in der höchsten Etage mitmischen und ernst zu nehmen sind.

Es entbrennt ein Kampf um Titel auf der Visitenkarte, ein größeres Büro muss her, der Firmenwagen soll an Ausstattung gewinnen … Und parallel dazu versuchen sie, in die entscheidenden, wichtigen inneren Zirkel des Unternehmens zu kommen. Ziel ist es, zu den *Bodies*, den Eingeweihten der Entscheidungsträger in der Firma, zu gehören und ihnen zu gefallen.

Es gibt jedoch auch viele, denen Einfluss und Prestige zwar wichtig sind, die die firmeninternen Regeln jedoch nicht umsetzen können – nicht weil sie die Spiele nicht durchschauen, sondern weil sie mit ihren eigenen Werten und Überzeugungen kollidieren, die ihnen verbieten, gewisse Handlungen vorzunehmen, nur um dazuzugehören. Gerade Frauen tun sich besonders schwer, Macht- und Statusregeln in ihr Arbeitsleben zu integrieren.

Maria aus Berlin sagt: »Ich bin jetzt 35 Jahre alt und Teamleiterin in einem großen Unternehmen. Anfangs hat mich die Arbeit noch gefordert, doch seit ungefähr einem Jahr habe ich das Gefühl, nur noch auf der Stelle zu treten. Ich merke, dass ich mehr will als den Job, den ich gerade mache. Ich habe mich gegen eine eigene Familie entschieden und möchte beruflich vorankommen. Ich mag es kaum aussprechen, aber ich habe Spaß daran, Macht auszuüben. Statussymbole sind mir eigentlich nicht so wichtig, aber ich weiß, dass die dazugehören. Daher habe ich vor einigen Wochen auch einen größeren Firmenwagen bestellt. Ich fahre jetzt anstelle eines Golfs einen Audi A4. Das Auto allein macht mich nicht glücklicher, dafür aber die Vorstellung, noch weiter oben mitmischen zu können. Mein nächstes Ziel ist es, Bereichsleiterin zu werden, und das ist mehr als realistisch.

Es kann schon sein, dass ich mit Mitte 40 wieder andere Werte priorisieren werde. Aber heute beschäftigt mich nun einmal in erster Linie meine Karriere. Immer weiterzukommen, das macht mich zufrieden.«

Ziele in der Phase der Aufbaujahre

Die Werte Familie und Lebensqualität gehen auch in diesem Berufsstadium mit dem Wunsch einher, einen möglichst sicheren Arbeitsplatz zu haben. Dagegen stehen die Werte Macht, Prestige und Status vor allem für das Ziel, die nächste Karrierestufe zu erklimmen, besonders interessante und prestigeträchtige Projekte zu übernehmen oder vielleicht auch zu einem anderen Unternehmen zu wechseln, das einen noch besseren Ruf und bekannteren Namen hat.

Erntejahre

Es gibt Menschen, die ihr Leben lang auf der Suche nach *dem* richtigen Job sind und für die berufliche Veränderungen fast auf der Tagesordnung stehen. Für andere stellt sich an irgendeinem Punkt das Gefühl ein, die richtige Position gefunden zu haben. In diesem Fall heißt es dann, das, was man hat, auch zu halten.

Früher sagte man, dass Karriere bis Mitte 40 gemacht wird und die Zeit für große berufliche Veränderungen danach vorbei ist. Heute stimmt das sicher nicht immer. Es gibt Menschen, die mit Ende 40 oder auch Anfang 50 gekündigt werden und nun nach neuen beruflichen Perspektiven Ausschau halten. Da viele auch länger arbeiten (müssen) und nicht mehr mit Mitte 60 in Rente gehen, gibt es Existenzgründer mit 50 oder mehr Jahren. Trotzdem gilt immer noch, dass der Großteil der Angestellten und Unternehmer mit 50 Jahren häufig »erntet« und nicht mehr (nur) »aufbaut« oder »sät«. In dieser Phase befinden sie sich sozusagen in ihrem beruflichen Herbst.

Werte in der Phase der Erntejahre

Beim Ernten geht es darum, die Früchte der Arbeit einzusammeln. Wir haben uns bereits Beachtung verschafft, finanzielle Sicherheit erarbeitet und bestenfalls genau die Karriere gemacht, die wir uns vorgestellt haben. Vielleicht haben wir auch eine Familie gegründet oder andere private Ziele erreicht. Beruflich gesehen kehrt nun etwas mehr Ruhe in unser Leben ein. Es ist nun nicht mehr wichtig, große Sprünge zu machen, sondern Geleistetes zu ehren und den Status zu halten, vielleicht auch, sich gegen (jüngere) Konkurrenz mit Geschick und Erfahrung durchzusetzen.

Folgende Werte sind in dieser Phase oftmals von Bedeutung:

- Ehre
- Familie und Lebensqualität
- Idealismus

Ehre

Um in einer Firma aufzusteigen, müssen wir häufig die eigenen ethischen und moralischen Prinzipien über Bord werfen. Jetzt, da wir es geschafft haben und keine weitere Hürde mehr nehmen müssen, ist wieder Raum, das eigene Handeln zu überprüfen. Einige von uns, die sich dem System in der Firma zu lange unterworfen und angepasst haben, sind häufig nicht mehr in der Lage, eine neue Verhaltensbewertung vorzunehmen. Anderen gelingt es jedoch, wieder mehr zu reflektieren und bewusster nach Recht- und Moralvorstellungen zu handeln. Da unsere erreichte Position aber auch jetzt nicht in Stein gemeißelt ist, müssen wir weiterhin vorsichtig sein. Es ist jedoch spürbar, dass unser Wunsch steigt, den Umgang mit Kollegen, Kunden oder Dienstleistern eventuell noch einmal zu korrigieren und an unsere ursprünglichen Werte und Normen anzupassen.

Denn es geht uns auch um ein gewisses Ehrgefühl und darum, einen bestimmten Eindruck zu hinterlassen.

Dazu meint Uta: »Ich bin jetzt 54 Jahre alt und Geschäftsführerin eines mittelständischen Unternehmens. Ich erinnere mich noch an die Zeit mit Ende 20, als ich nach Ausbildung und Studium meine erste Firma kennenlernte. Damals war ich noch sehr engagiert und wollte viel bewegen. Doch nach fast 30 Jahren Berufstätigkeit ist mir endgültig klar geworden, dass es keine Gerechtigkeit und auch keine adäquate Bezahlung nach Leistung gibt ... und Frauen es immer noch doppelt so schwer haben wie Männer, voranzukommen.

Mit Ende 30 war ich ein paar Monate lang richtig frustriert und hatte mit meiner Karriere und dem ganzen Berufsleben eigentlich schon abgeschlossen. Es war der Zeitpunkt, als mir klar wurde, welche Spiele ich im Job mitspielen muss, um weiterzukommen. Ich habe mich mit dieser Erkenntnis unglaublich schwergetan. Dem Chef gefallen, Kollegen mobben, die nicht mehr erwünscht waren, Entscheidungen fällen, die inhaltlich nicht sinnvoll, aber politisch notwendig waren ...

Damals dachte ich, ich steige aus diesem ganzen Zirkus aus. Irgendwie habe ich dann aber doch noch die Kurve gekriegt. Ich habe die Regeln im Unternehmen eingehalten und bin dann tatsächlich einige Zeit später in die Geschäftsführung aufgestiegen. Auch wenn ich jahrelang meine ethischen und moralischen Ansprüche an das Miteinander herunterschrauben musste, weiß ich heute immer noch, was richtig und was falsch ist. Ich muss mich natürlich nach wie vor anpassen und mich nach den Regeln des Marktes und der Firma richten. Ich habe aber mittlerweile wieder mehr das Gefühl, auch meine eigenen Werte mit einbringen zu können.

Wenn ich heute Mitarbeiter entlassen muss oder Leistungen abfordere, dann versuche ich dabei nach meinen Moralvorstellungen zu handeln. Mir ist klar, dass ich in meiner Position nie von allen Mitarbeitern geliebt werde, das ist für mich auch zu akzeptieren. Aber wichtig ist mir, dass meine Entscheidungen gerecht und transparent sind. Das hat was mit meinem inneren Ehrbegriff zu tun.«

Familie und Lebensqualität

Diejenigen von Ihnen, die sich in ihrer bisherigen Laufbahn vor allem auf die Karriere konzentriert haben, merken nun vielleicht, dass es daneben noch etwas anderes gibt. Ihre Beziehungen zu anderen Menschen werden wieder wichtiger, sie erleben den Umgang mit Kollegen intensiver, und vielleicht überdenken sie auch das eigene Verhalten. Stabilität im Beruf ist gegeben, die ersehnte Position erreicht, also investieren sie auch wieder mehr Zeit in ihr Privatleben.

Johannes aus Dortmund: »Über meine Werte habe ich mir explizit eigentlich noch nie Gedanken gemacht. Irgendwie hat sich immer alles gefügt. Als ich mit Ende 20 in den Job einstieg, wollte ich erst einmal Bestätigung und einfach nur Geld verdienen. Später kam dann der Wunsch nach einer eigenen Familie hinzu. Und damit ich meinen Lieben etwas bieten konnte, habe ich versucht, beruflich weiterzukommen.

Das ist mir auch gelungen, ich bin heute Abteilungsleiter in einem produzierenden Betrieb. Jetzt bin ich 49 Jahre alt, meine Kinder sind 15 und 17 Jahre, und ich frage mich manchmal, was da noch kommt. Der Job ist relativ sicher. Ich habe keine Ambitionen, in die Geschäftsführung einzusteigen oder das Unternehmen zu wechseln. Ich arbeite zwar jeden Tag nach wie vor relativ viel, aber innerlich ist bei mir etwas mehr Ruhe eingekehrt. Ich merke, dass mir meine Familie noch wichtiger wird, und auch Freundschaften und Hobbys, für die ich jahrelang keine Zeit hatte, versuche ich mehr zu pflegen. Das macht für mich echte Lebensqualität aus.«

Idealismus

Einige von uns hatten das Glück, sich schon in den Einstiegs- und Aufbaujahren in ihrem beruflichen Umfeld nach eigenen idealistischen Vorstellungen zu verwirklichen. Bei vielen tritt jedoch recht spät die Erkenntnis ein, dass sie jahrelang in einem Firmensystem funktioniert haben und dabei der eigene Idealismus auf der Strecke geblieben ist. Es war womöglich weder

Platz noch Zeit vorhanden, sich überhaupt mit dieser Frage auseinanderzusetzen. Andere sind sich darüber im Klaren, dass der Job wenig mit ihnen selbst zu tun hat. Der Preis für einen Wechsel in die Ungewissheit ist ihnen aber immer zu hoch gewesen.

Frank aus Konstanz: »Ob ich mich in meinem Job verwirklichen kann? Gute Frage ... Wenn Sie mich während meines Studiums gefragt hätten, ob das mein Ziel sei, hätte ich in jedem Fall mit Ja geantwortet. Aber im Nachhinein muss ich leider feststellen, dass meine idealistischen Interessen, zumindest in beruflicher Hinsicht, auf der Strecke geblieben sind.

Als ich anfing zu arbeiten, war bereits unser erstes Kind da. Meine Frau blieb zunächst zu Hause, und ich war der Versorger. Damals zählte nur, ausreichend Geld zu verdienen. Für etwas anderes war kein Platz. In den Jahren danach packte mich beruflich der Ehrgeiz, und ich wollte weiterkommen bis an die Firmenspitze. Warum? Weil ich mehr Einfluss auf Projekte ausüben wollte ... und um finanziell besser dazustehen. Vielleicht dachte ich auch, wer mehr Macht hat, kann mitgestalten und sich öfter einbringen. Aber ich glaube, das war nicht der Hauptgrund, nach oben zu wollen.

In bin jetzt 46 Jahre alt und habe eine recht stabile Position in meinem Unternehmen. Auch bei uns wird hin und wieder umstrukturiert, ich habe davon aber nur profitiert. Ich bin Ingenieur und seit Jahren an Solarenergie interessiert. Unsere Firma stellt für diesen Bereich einige Komponenten her. Ich würde mich hierfür gerne mehr engagieren. Mir ist es wichtig, etwas für die Umwelt zu tun. Ich habe schon mit der Idee gespielt, ein eigenes kleines Unternehmen zu gründen, weil ich merke, dass der Wunsch, in diesem Sektor selbst aktiv zu werden, sehr stark ist.

Da geht es mir in erster Linie gar nicht um Geld, sondern eher darum, meine Ideen und Gedanken in etwas Neues einzubringen. Für mich ist das Luxus, mich mit dem zu beschäftigen, was mich wirklich interessiert. Das hat sicher etwas mit Selbstverwirklichung zu tun. Und ich glaube, ich kann das erst jetzt zulassen, nachdem ich mit meiner Familie aus dem

Gröbsten raus bin. Wahrscheinlich geht das den meisten so. Sich schon in jungen Jahren komplett selbst zu verwirklichen – konsequent machen das vielleicht nur Künstler mit ihren Werken. Häufig ist der Preis dafür ein sehr geringes Einkommen. Das hätte ich mir damals gar nicht leisten können.

Umso wichtiger ist es mir jetzt, endlich das zu tun, was mich wirklich zufrieden macht. Ich sollte mir mal genauer überlegen, wie ich die Sache am besten angehe.«

Berufliche Ziele in der Phase der Erntejahre

Da (meistens) alle materiellen Ziele in dieser Lebens- und Berufsphase erreicht sind, richtet man die beruflichen Ziele wieder auf etwas Größeres aus. Das Ausfahren der Ellenbogen, um sich durchzusetzen, und das Politisieren im Unternehmen stehen nicht mehr im Fokus. Stattdessen geht es darum, den oftmals längst vergessenen Wunsch nach Selbstverwirklichung, die menschlichen Beziehungen und die Work-Life-Balance wieder in den Mittelpunkt zu stellen.

Berufsaustritt

In der Vorbereitungsphase des Berufsaustritts steht im Vordergrund, das beruflich Geschaffene als eigene Leistung darzustellen und dafür zu sorgen, dass das Vermächtnis weitergegeben wird. Es ist nicht mehr wichtig, den eigenen Status zu verbessern, sondern Bestätigung für das Geleistete zu bekommen.

Viele versuchen daher, ihre Erkenntnisse in Form von Artikeln, Büchern oder Vorträgen in Firmen oder an Universitäten weiterzugeben. War beim Berufseinstieg noch wichtig, dass die eigene Position im Unternehmen und der Anteil an bestimmten Erfolgen beachtet werden, geht es jetzt um die Anerkennung des erworbenen Wissens. Für viele Menschen ist es äußerst schwierig und auch schmerzhaft, sich auf den Berufsaustritt vorzubereiten. Insbesondere für diejenigen, für die der Beruf auch gleichzeitig Berufung war. Oft sind es gerade Männer, die sich in den ganzen Jahren zuvor nicht um den Aufbau eines sozialen Netzwerkes gekümmert haben und die nun in ein mehr oder weniger tiefes Loch fallen.

Werte in der Phase des Berufsaustritts

Diejenigen unter uns, die ihr Berufsleben aktiv gestaltet haben und sich nicht nur haben treiben lassen, werden zwar ebenfalls mit Unsicherheit und Ängsten, aber auch mit Freude aus dem Berufsleben treten können. Wenn wir es allerdings nicht geschafft haben, im Berufsleben das umzusetzen und zu verwirklichen, was uns wichtig war, dann werden wir nur schwer loslassen können, und es bleibt ein unbefriedigendes Gefühl zurück. Werte, die in dieser Phase im Mittelpunkt stehen, sind:

- Anerkennung und Ehre
- Beziehungen

Anerkennung und Ehre

In dieser Phase ist es uns besonders wichtig, dass die eigene berufliche Leistung Anerkennung findet und in gewissem Maß auch geehrt wird.

> Hierzu Lutz aus München: »Ich bin jetzt 64 Jahre alt und kurz vor der Pensionierung. Welche Werte mir in der Phase des Berufsausstiegs wichtig sind? Sie stellen aber auch Fragen ... Ich würde sagen, mir ist erst einmal wichtig, einen ordentlichen Abgang hinzulegen. Ich habe einige Freunde, die mit ihrem Ausstieg nicht zurechtkommen. Das würde keiner von denen zugeben, aber es ist ganz offensichtlich, dass das so ist.
>
> Ich fände es natürlich schön, wenn etwas von mir in der Firma bleiben würde. Denn letztlich habe ich hier die meiste Zeit meines Lebens verbracht. Daher versuche ich seit einem halben Jahr, meinen Nachfolger einzuarbeiten und ihm nach

und nach alle Vorgänge zu übergeben. Was auch immer er dann anders macht, erst einmal ist mir wichtig, dass er versteht, nach welchem System ich die Dinge angehe. Und natürlich wäre es schön, wenn er das eine oder andere beibehalten würde.

Ich bin Profi, sodass ich meinen Ausstieg und meine Leistungen nicht idealisiere. Aber klar wäre es schön, wenn meine Erfolge noch einmal Beachtung finden würden. Ich habe mir auch schon überlegt, nach meinem Austritt kleine Dozententätigkeiten an der Universität zu übernehmen. Ich glaube, mir macht es Spaß, mein Wissen weiterzugeben. Für irgendetwas muss das alles doch gut gewesen sein. Ich hätte am Umgang mit wissbegierigen Studenten bestimmt meine Freude. Wer sonst interessiert sich heute schon für einen alten Mann?«

Beziehungen

Es wird wieder wichtig(er), mit anderen Menschen Kontakt zu haben und sich auszutauschen. Die Zeit des Einzelkämpfertums, um den beruflichen Anforderungen gerecht zu werden und sich im Job vor Wettbewerbern zu schützen, ist vorbei.

Erika aus Aachen sagt: »Mit meinen 65 Jahren kann ich behaupten, mein Leben lang hart gearbeitet zu haben. Ich habe drei Kinder großgezogen und mich um meinen Mann gekümmert, der leider vor zwei Jahren verstorben ist. Bei dem ganzen Trubel hatte ich nur wenig Zeit, um Freundschaften zu pflegen. Das habe ich immer sehr vermisst. Als junge Frau war ich viel unterwegs – irgendwann hat das dann nachgelassen. Also, wenn Sie mich danach fragen, was mir aktuell am wichtigsten ist, dann ist das der Kontakt zu meinen Kindern und die Zeit, die ich wieder mit meinen Freunden und Bekannten verbringen kann.«

Ziele in der Phase des Berufsausstiegs

In diesem Stadium verlagert sich das Leben vom Beruf wieder mehr in den privaten Bereich. Mit den sich wandelnden Werten verändern sich entsprechend auch die Ziele. Ein wesentlicher Wunsch ist es, für die eigene Leistung eine gewisse Form von Anerkennung zu erhalten – wie auch immer sie aussieht – und in Erinnerung zu bleiben. Außerdem haben viele das Bedürfnis, Beziehungen und Familie wieder mehr Zeit zu widmen. Das heißt, die eigene Work-Life-Balance gewinnt mehr und mehr an Bedeutung.

Zusammenfassung von KAPITEL 2

- Ihre beruflichen Werte und Ziele bleiben in Ihrem Leben nicht statisch. Sie können sich u. a. durch die einzelnen Berufsphasen, die Sie durchleben, verändern.

3. KAPITEL

Die Bausteine meiner Karriere-DNA

Jetzt haben wir die drei Bausteine der Karriere-DNA definiert und sind zu der Feststellung gekommen, dass auch die einzelnen Berufsphasen Einfluss darauf haben, welche Werte und Ziele für uns gerade besonders wichtig sind. In einem nächsten Schritt geht es jetzt darum, dieses Modell auf uns selbst anzuwenden und unsere persönliche Karriere-DNA zu entschlüsseln.

Also, welche Werte stehen bei Ihnen zurzeit ganz weit oben auf der Werteskala, welche Ziele verfolgen Sie und welche Rollen möchten Sie im Beruf ausüben? Wenn es Ihnen gelungen ist, das alles herauszufinden, geht es in einem letzten Schritt darum, zu Ihrer Karriere-DNA eine kompatible Unternehmens-DNA zu finden. Passen beide Seiten zusammen, dann kann es nur ein Ergebnis für Sie geben, und das heißt: dauerhaftes und nachhaltiges Glück im Job!

Wie entschlüssele ich meine Karriere-DNA?

Wie entschlüsseln wir also Ihre Karriere-DNA? Indem wir gemeinsam untersuchen, wo Ihre Prioritäten liegen. Dafür ist wichtig, dass Sie die nächsten Übungen und Fragen bewusst und ehrlich beantworten. Das ist sicher nicht immer einfach. Aber ohne eine klare Eigenanalyse werden Sie nicht feststellen können, welcher Job Sie zufrieden macht.

Meine beruflichen Werte

Beschäftigen wir uns zunächst mit unseren beruflichen Werten. An dieser Stelle möchte ich anmerken, dass eine vertiefte und weitergehende Beschäftigung mit diesem Thema möglich ist. Hierzu gibt es verschiedene Möglichkeiten. Zum einen können Sie sich Ihr eigenes *Reiss Profile* erstellen lassen. Im Internet finden Sie hierfür nach Eingabe dieses Begriffes entsprechende Anbieter, oder Sie beschäftigen sich mit dem bereits genannten Buch. Sie können von sich auch ein detailliertes Persönlichkeitsprofil erstellen lassen, das Ihnen Auskunft über einige Ihrer Werte geben wird (z. B. durch das *DISC*-Modell oder auch den *MBTI*-Test). Nach Eingabe dieser Schlagwörter finden Sie im Internet diverse Anbieter.

Ich selbst ziehe für die folgenden Tests einzelne Teile des *Reiss Motivation Profile Estimator (Reiss, 2009, S. 273 ff.)* in die Prüfung mit ein und ergänze diesen mit eigenen Anregungen.

Widmen wir uns also wieder den vier Wertekategorien. Inwieweit treffen die einzelnen Aussagen auf Sie zu? Ihre Selbsteinschätzung ist nun gefordert.

ICH-Werte
Macht

1. Ich stehe gerne oben, sage gerne, wo es langgeht, und gebe gerne Anweisungen.

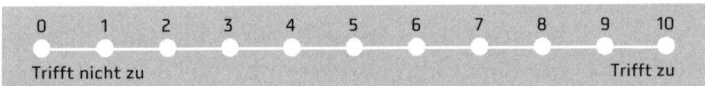

2. Ich führe gerne Menschen.

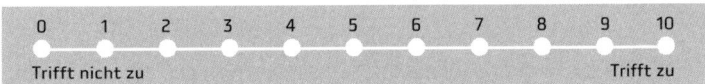

3. Ich suche regelmäßig nach neuen Herausforderungen.

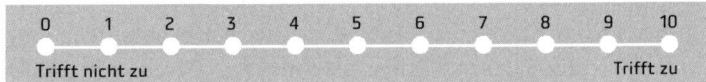

4. Ich lasse mich nicht gerne führen und ordne mich nur schlecht unter.

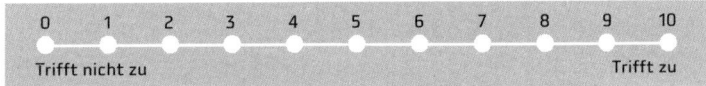

Bitte tragen Sie die Punkte auf den Skalen ein, bilden Sie die Summe und teilen Sie diese durch vier.

Mein Skalenwert für Macht: _____

Die Bausteine meiner Karriere-DNA

ICH-Werte
Anerkennung

1. Für mich ist es wichtig, für meine Leistungen Lob von Dritten zu erhalten.

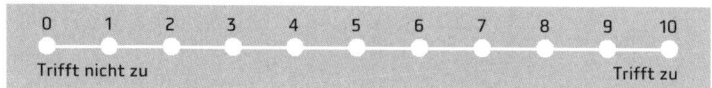

2. Ich bin oft unsicher und brauche generell viel Anerkennung.

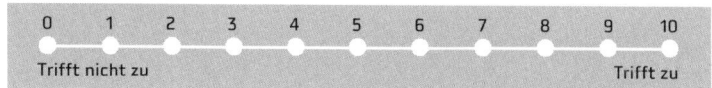

3. Kritik trifft mich sehr stark – ich kann schlecht damit umgehen.

4. Ich glaube nicht wirklich an mich selbst und denke oft, meine Leistung reicht nicht aus.

Bitte tragen Sie die Punkte auf den Skalen ein, bilden Sie die Summe und teilen Sie diese durch vier.

Mein Skalenwert für Anerkennung: _____

ICH-Werte
Status und Prestige

1. Statussymbole sind mir wichtig – ich zeige gerne, was ich habe.

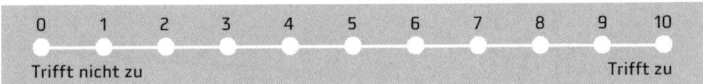

2. Ich fühle mich im Leben wohler, wenn ich einen hohen gesellschaftlichen Status habe.

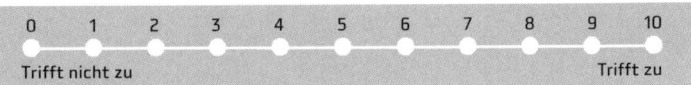

3. Ich beneide Menschen, die sich prestigeträchtige Dinge leisten können.

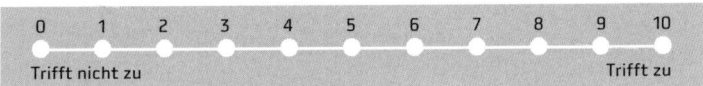

4. Reiche und vermögende Menschen beeindrucken mich.

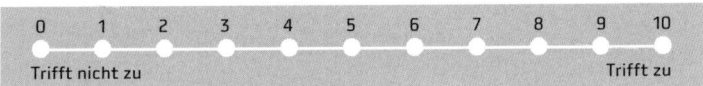

Bitte tragen Sie die Punkte auf den Skalen ein, bilden Sie die Summe und teilen Sie diese durch vier.

Mein Skalenwert für Status und Prestige: _____

WIR-Werte
Familie und Lebensqualität

1. Zeit mit der Familie zu verbringen ist mir sehr wichtig.

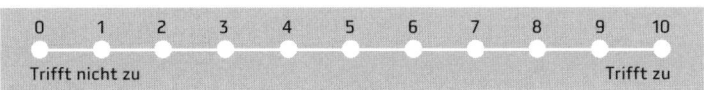

2. Ich habe viele Hobbys und Freunde, und ich brauche dafür
regelmäßig Zeit.

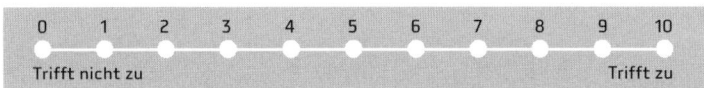

3. Ohne Zeit für mein Privatleben fühle ich mich unwohl
und gerate aus dem Gleichgewicht.

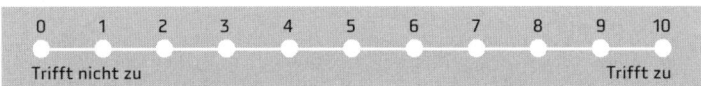

4. Mein Privatleben gibt mir die Kraft, den Anforderungen
des Berufs gerecht zu werden.

Bitte tragen Sie die Punkte auf den Skalen ein, bilden Sie die
Summe und teilen Sie diese durch vier.

Mein Skalenwert für Familie und Lebensqualität: _____

WIR-Werte

Harmonie

1. Ich habe eine geringe Stresstoleranz – Stress bringt mich aus dem inneren Gleichgewicht.

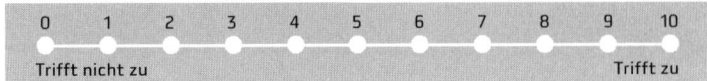

2. In meinem Leben suche ich nach Räumen, in denen keine große Hektik herrscht.

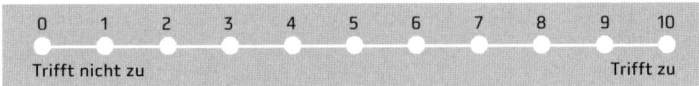

3. Harmonie macht mir keine Angst – ganz im Gegenteil, sie entspannt mich.

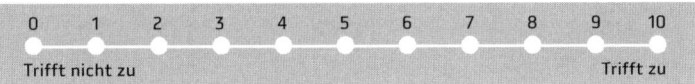

4. Für eine harmonische Grundstimmung stecke ich gerne mal zurück.

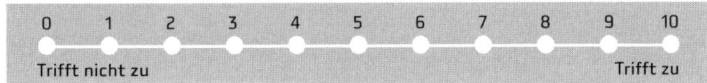

Bitte tragen Sie die Punkte auf den Skalen ein, bilden Sie die Summe und teilen Sie diese durch vier.

Mein Skalenwert für Harmonie: _____

WIR-Werte

Beziehungen

1. Ich bin gerne mit vielen Menschen zusammen und fühle mich auch in Gruppen wohl.

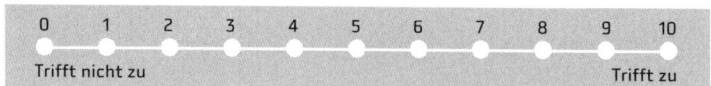

2. Wenn ich nicht mit anderen zusammen bin, lassen meine Leistungen stark nach.

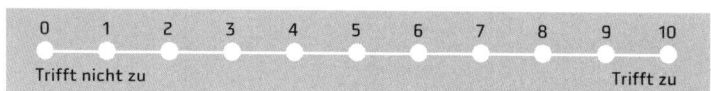

3. In meiner Arbeit ist es mir wichtig, dass das Klima mit den Menschen um mich herum positiv ist.

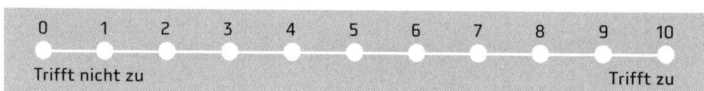

4. Ich bin ein sozial sehr aktiver Mensch.

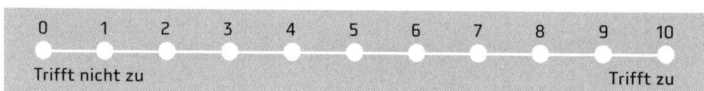

Bitte tragen Sie die Punkte auf den Skalen ein, bilden Sie die Summe und teilen Sie diese durch vier.

Mein Skalenwert für Beziehungen: _____

SICHERHEITS-Werte
Ordnung

1. Ich bin ein sehr strukturierter und geordneter Mensch.

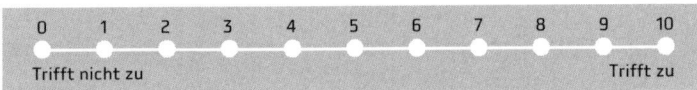

2. Wenn keine Ordnung vorhanden ist, bringt mich das aus dem inneren Gleichgewicht.

3. Zu viele Veränderungen tun mir nicht gut – ich liebe Struktur.

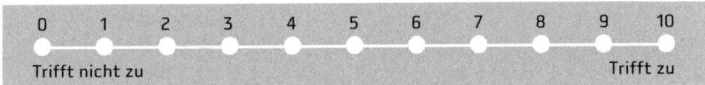

4. Neue Regelungen bringen mich schnell aus dem Gleichgewicht.

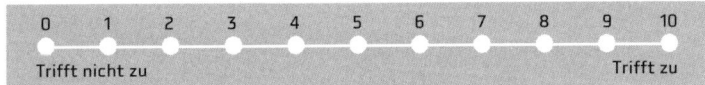

Bitte tragen Sie die Punkte auf den Skalen ein, bilden Sie die Summe und teilen Sie diese durch vier.

Mein Skalenwert für Ordnung: _____

Die Bausteine meiner Karriere-DNA

SICHERHEITS-Werte
Beständigkeit

1. Finanzielle Sicherheit ist mir wichtig.

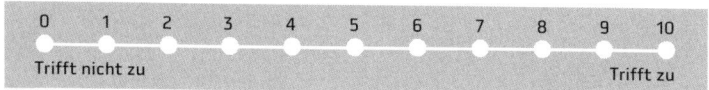

2. Ich wechsele ungern – einmal wo angekommen, richte ich mich schnell häuslich ein.

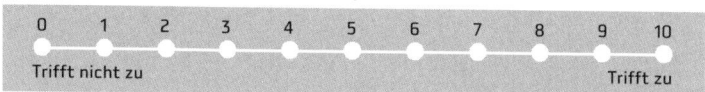

3. Ich bin ein Mensch, der die Sicherheit liebt und damit auch einen regelmäßigen Gehaltseingang auf meinem Konto.

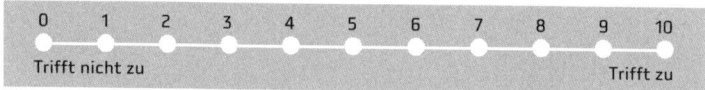

4. Auch bei großen Unstimmigkeiten im privaten oder beruflichen Umfeld kann ich schlecht die Konsequenzen ziehen und gehen.

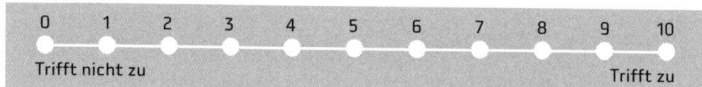

Bitte tragen Sie die Punkte auf den Skalen ein, bilden Sie die Summe und teilen Sie diese durch vier.

Mein Skalenwert für Beständigkeit: _____

SICHERHEITS-Werte
Ehre

1. Es ist mir wichtig, was andere Menschen von mir halten.

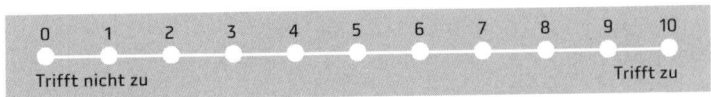

2. Es ist mir wichtig, mich Regeln anzupassen und bei anderen nicht aufzufallen.

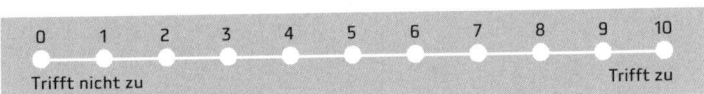

3. Auf mein Wort kann man sich verlassen – ich revidiere selten meine Meinung.

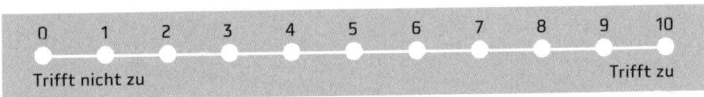

4. Es ist mir wichtig, dass im Miteinander klare Regeln bestehen und eingehalten werden.

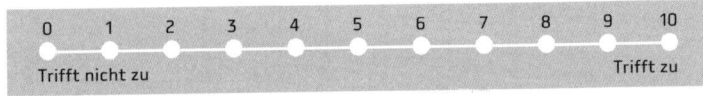

Bitte tragen Sie die Punkte auf den Skalen ein, bilden Sie die Summe und teilen Sie diese durch vier.

Mein Skalenwert für Ehre: _____

ABENTEUER-Werte
Unabhängigkeit

1. Ich fälle meine eigenen Entscheidungen und lasse mich von niemandem beeinflussen.

2. Einige Freunde sagen, ich sei eigensinnig und mache immer mein Ding.

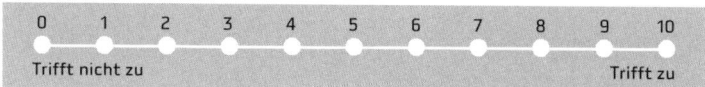

3. Zu starke Regeln und Vorgaben im Beruf engen mich ein und nehmen mir die Luft zum Atmen.

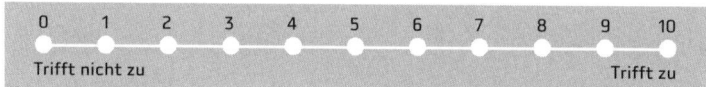

4. Ich kann mir gut vorstellen, irgendwann mein eigenes Unternehmen aufzubauen und zunächst vollkommen unabhängig zu sein.

Bitte tragen Sie die Punkte auf den Skalen ein, bilden Sie die Summe und teilen Sie diese durch vier.

Mein Skalenwert für Unabhängigkeit: _____

ABENTEUER-Werte

Neugier

1. Ich denke viel nach und stelle mich gerne neuen Herausforderungen.

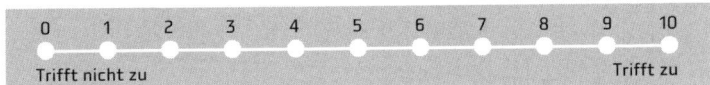

2. Routineaufgaben langweilen mich schnell.

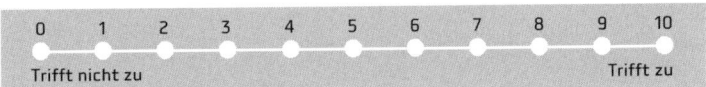

3. Ich interessiere mich für vieles und bin bereit, immer Neues zu lernen.

4. Ich habe eine starke analytische Neigung.

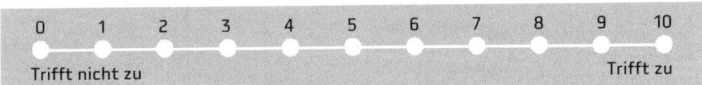

Bitte tragen Sie die Punkte auf den Skalen ein, bilden Sie die Summe und teilen Sie diese durch vier.

Mein Skalenwert für Neugier: _____

Die Bausteine meiner Karriere-DNA

ABENTEUER-Werte
Idealismus

1. Ich habe große Pläne und will mich in die Gesellschaft einbringen.

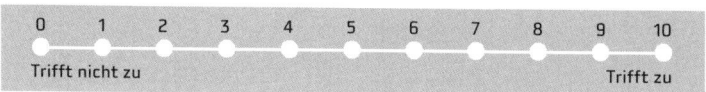

2. Ich stehe für ein gesellschaftliches Ziel und engagiere mich dafür.

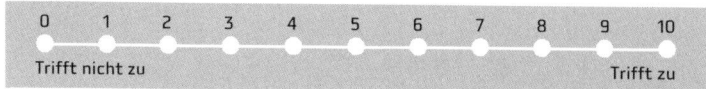

3. Ich bewundere Menschen, die sich für ideelle Werte einsetzen.

4. Ohne höhere Ziele würde ich keine Freude an der Arbeit haben.

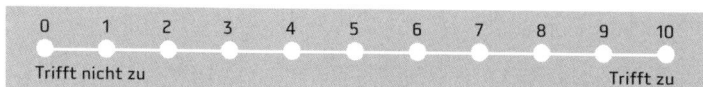

Bitte tragen Sie die Punkte auf den Skalen ein, bilden Sie die Summe und teilen Sie diese durch vier.

Mein Skalenwert für Idealismus: _____

Werten Sie jetzt bitte die Ergebnisse aus. Dazu schreiben Sie alle Werte und Skalenpunkte untereinander.

Wert		**Skalenpunkte**
ICH-Werte	Macht	
	Anerkennung	
	Status und Prestige	
WIR-Werte	Familie und Lebensqualität	
	Harmonie	
	Beziehungen	
SICHERHEITS-Werte	Ordnung	
	Beständigkeit	
	Ehre	
ABENTEUER-Werte	Unabhängigkeit	
	Neugier	
	Idealismus	

Nachdem Sie diese Übersicht erstellt haben, können Sie erkennen, in welchen Bereichen Sie eine besonders hohe Punktzahl erreicht haben. Das sind die Werte, die Ihnen in Ihrer jetzigen Lebenssituation besonders wichtig sind. Wählen Sie die drei Werte aus, denen Sie die größte Punktzahl zugeordnet haben, und notieren Sie diese.

Meine drei wichtigsten Werte, die in meiner Karriere-DNA enthalten sind:

Wert 1:

Wert 2:

Wert 3:

Vielleicht verteilen sich Ihre drei wichtigsten Werte auf alle vier Kategorien, es kann aber auch sein, dass sich alle in nur eine Kategorie einordnen lassen. Bitte überprüfen Sie, in welcher Wertekategorie sich Ihre Ergebnisse wiederfinden.

Gruppe 1: ICH-Werte:

Gruppe 2: WIR-Werte:

Gruppe 3: SICHERHEITS-Werte:

Gruppe 4: ABENTEUER-Werte:

Wenn Sie feststellen, dass Sie eine Häufung Ihrer Werte in nur einer oder zwei Kategorien finden, dann ist diese Wertekategorie bei Ihnen besonders stark ausgeprägt. Sind Ihre Ergebnisse dagegen auf drei Kategorien verteilt, dann haben Sie keine eindeutige Präferenz auf einen Bereich.

Meine beruflichen Ziele

Nachdem wir jetzt ein erstes Zwischenergebnis erarbeitet haben, also wissen, welche Werte Ihre Karriere-DNA enthalten, widmen wir uns Ihren beruflichen Zielen.

Kennen Sie Ihr berufliches Ziel schon? Wissen Sie, wofür es sich für Sie lohnt, zu arbeiten? Im ersten Kapitel wurden Ihnen einige Beispiele für verschiedene potenzielle Berufsziele vorgestellt. Haben Sie sich in einem wiedergefunden?

Wir haben ja bereits festgestellt, dass das berufliche Ziel stark mit Ihren beruflichen Werten verbunden ist. Es ist nicht möglich, das eine ohne das andere zu betrachten. Lassen Sie uns die jeweiligen beruflichen Ziele gemeinsam durchgehen.

Sicherer Arbeitsplatz

1. Ich brauche das Gefühl, jeden Monat ein festes Einkommen zu beziehen.

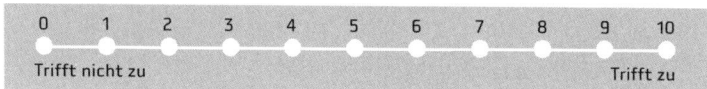

2. Ich sehe berufliche Veränderung nicht als Chance – mir macht das eher Angst.

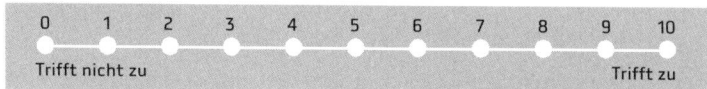

3. Finanzielle Sorgen sind für mich das Schlimmste. Schon ein kleines Minus auf dem Konto bringt mich um den Schlaf.

4. Ich bin ein Sicherheitsmensch, finanzielle Risiken gehe ich nicht gerne ein.

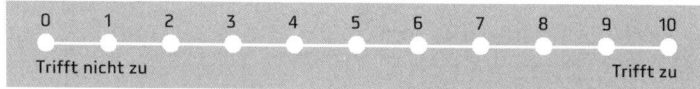

Bitte tragen Sie die Punkte auf den Skalen ein, bilden Sie die Summe und teilen Sie diese durch vier.

Mein Skalenwert für einen sicheren Arbeitsplatz: _____

Selbstverwirklichung
(sich für bestimmte Werte einsetzen)

1. Bei der Auswahl von Tätigkeiten schaue ich immer zuerst, was ich dabei einbringen kann.

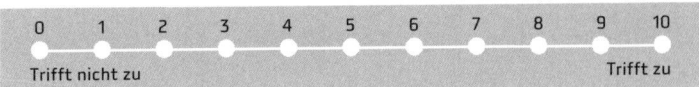

2. Ich kann keine Arbeit von der Stange machen. In jeder Aufgabe oder jedem Projekt muss sich auch etwas von mir wiederfinden.

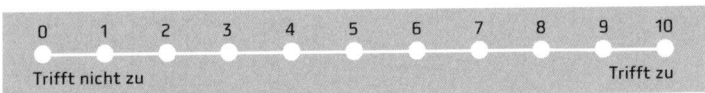

3. Mir ist es wichtig, durch meine Arbeit etwas zu hinterlassen.

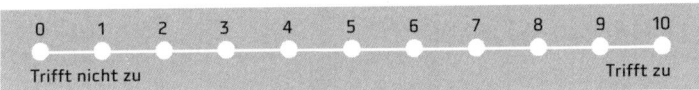

4. Ich mag es, wenn durch meine Arbeit etwas Neues angestoßen wird.

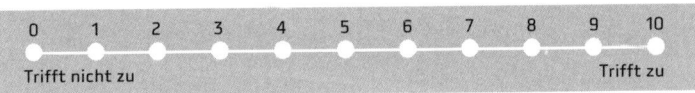

Bitte tragen Sie die Punkte auf den Skalen ein, bilden Sie die Summe und teilen Sie diese durch vier.

Mein Skalenwert für Selbstverwirklichung: _____

Karriere

1. Ich bewundere Menschen, die Karriere gemacht haben.

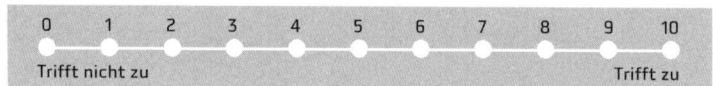

2. Es ist mir wichtig, etwas zu erreichen, das nach außen für Karrieremachen steht.

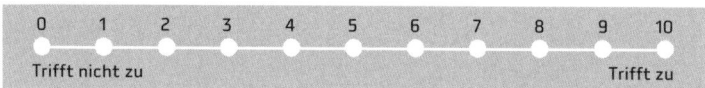

3. Ich bin stolz und genieße es, wenn Menschen mich für das bewundern, was ich beruflich erreicht habe.

4. Ich lebe gerne gut und leiste mir schöne Dinge, die Status haben.

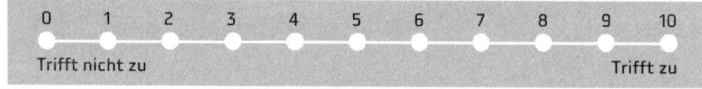

Bitte tragen Sie die Punkte auf den Skalen ein, bilden Sie die Summe und teilen Sie diese durch vier.

Mein Skalenwert für Karriere: _____

Menschliche Arbeitsatmosphäre

1. Mir ist ein gutes, menschliches und faires Miteinander wichtig.

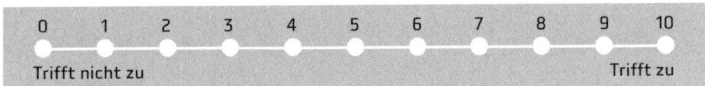

2. Ich fühle mich unwohl, wenn ich mit Menschen zusammen sein muss, mit denen ich nichts anfangen kann.

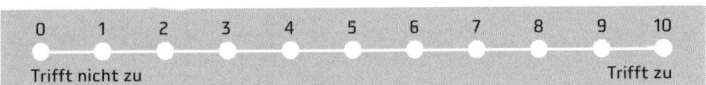

3. Meine Werte will ich auch im Beruf leben.

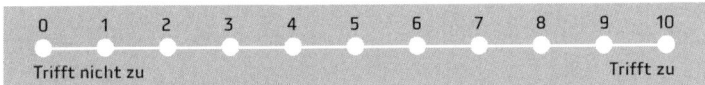

4. Ich kann keine Leistungen im Job bringen, wenn das Zwischenmenschliche nicht stimmt.

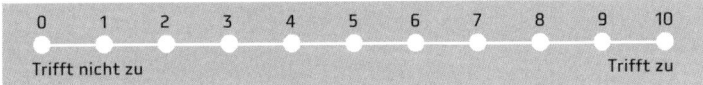

Bitte tragen Sie die Punkte auf den Skalen ein, bilden Sie die Summe und teilen Sie diese durch vier.

Mein Skalenwert für menschliche Arbeitsatmosphäre: _____

Intellektuelle Herausforderung

1. Mir ist es wichtig, intellektuell gefordert zu sein. Routinearbeiten ertrage ich nicht.

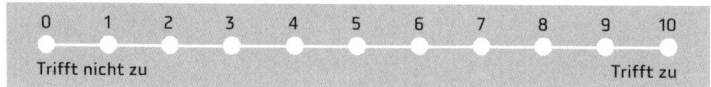

2. Ich bin neugierig und bilde mich gerne weiter.

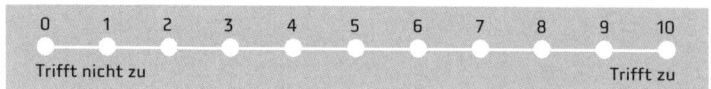

3. Ich kann mich tagelang mit einem Problem beschäftigen und um eine Lösung ringen.

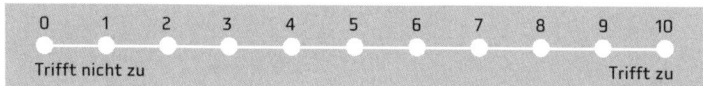

4. Probleme und Hindernisse sind für mich eine Herausforderung – das belastet mich nicht.

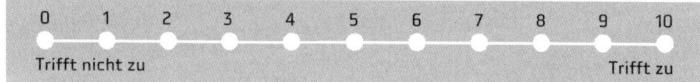

Bitte tragen Sie die Punkte auf den Skalen ein, bilden Sie die Summe und teilen Sie diese durch vier.

Mein Skalenwert für intellektuelle Herausforderung: _____

Work-Life-Balance

1. Mir ist es sehr wichtig, eine Balance zwischen Beruf und Privatleben herzustellen.

2. Wenn ich nicht ausreichend Zeit für mein Privatleben habe, bin ich nicht motiviert, meinen Beruf auszuüben.

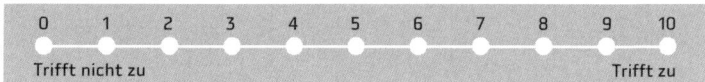

3. Ich habe viele private Interessen und weiß etwas mit meiner Freizeit anzufangen.

4. Zu viel Arbeit macht mich physisch und psychisch krank.

Bitte tragen Sie die Punkte auf den Skalen ein, bilden Sie die Summe und teilen Sie diese durch vier.

Mein Skalenwert für Work-Life-Balance: _____

Reisen

1. Ich liebe es, andere Kulturen und Länder kennenzulernen.

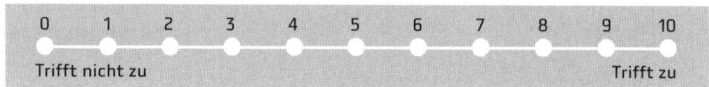

2. Ich bin gerne viel unterwegs und kann auch gut aus dem Koffer leben.

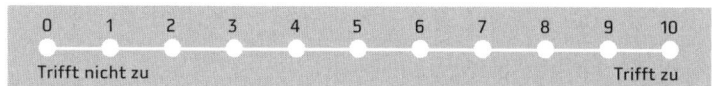

3. Nur in einem Büro und an einem Standort tätig zu sein, das wäre nichts für mich.

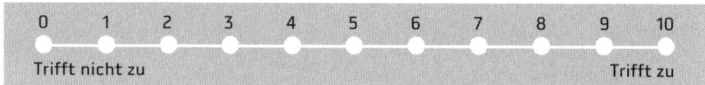

4. Ich lerne gerne jeden Tag neue Menschen kennen, und auf neue Situationen kann ich mich gut einstellen.

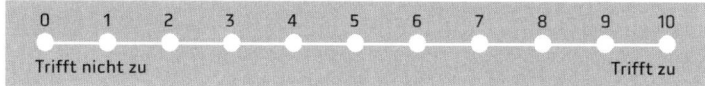

Bitte tragen Sie die Punkte auf den Skalen ein, bilden die Summe und teilen diese durch vier.

Mein Skalenwert für Reisen: _____

Werten Sie jetzt bitte die Ergebnisse aus. Dazu ordnen Sie jedem beruflichen Ziel den entsprechenden Skalenpunkt zu.

Berufliches Zel	Skalenpunkte
Sicherer Arbeitsplatz	
Selbstverwirklichung	
Karriere	
Menschliche Arbeitsatmosphäre	
Intellektuelle Herausforderung	
Work-Life Balance	
Reisen	

Nachdem Sie diese Übersicht erstellt haben, können Sie erkennen, bei welchen beruflichen Zielen Sie eine besonders hohe Punktzahl erreicht haben. Das sind die Ziele, die Ihnen in Ihrer jetzigen Lebenssituation am wichtigsten sind. Wählen Sie die zwei aus, denen Sie die größte Punktzahl zugeordnet haben, und notieren Sie diese.

Meine zwei wichtigsten beruflichen Ziele, die in meiner Karriere-DNA enthalten sind:

Ziel 1:

Ziel 2:

Meine berufliche(n) Rolle(n)

Kommen wir zur Analyse des letzten Bausteins unserer Karriere-DNA, den Mitarbeiterrolle(n), die wir gerne ausüben (möchten). Welche Rollen es gibt, haben wir bereits geklärt. Vielleicht haben Sie sich auch schon in einer der Beschreibungen wiedergefunden.

Wenn nicht – und auch einfach zur Kontrolle –, sollten wir jetzt überprüfen, in welcher Rolle Sie sich besonders wohl- und zu Hause fühlen. Bewerten Sie dazu bitte die folgenden Aussagen:

Unternehmer im Unternehmen

1. Ich packe gerne an und gestalte die Dinge mit.

2. Ich arbeite sehr ergebnisorientiert und mag es,
   Verantwortung zu übernehmen.

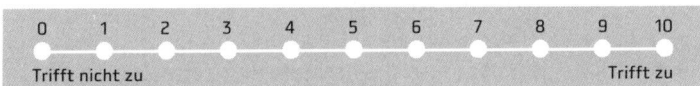

3. Ich habe ständig Ideen für neue Produkte oder
   Prozessverbesserungen.

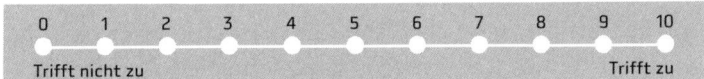

4. Ich laufe nur dann zur Hochform auf, wenn ich richtig
   gefordert werde.

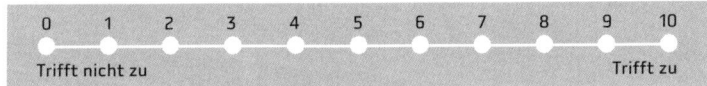

Bitte tragen Sie die Punkte auf den Skalen ein, bilden Sie die
Summe und teilen Sie diese durch vier.

Mein Skalenwert für den Unternehmer im Unternehmen: ____

Politiker

1. Das Taktieren und politische Agieren liegt mir und macht mir Spaß.

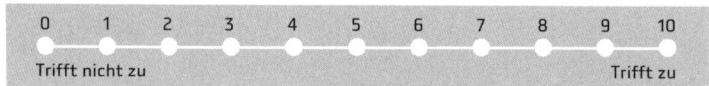

2. Ich kann Menschen und deren Verhalten und Handlungen schnell durchschauen.

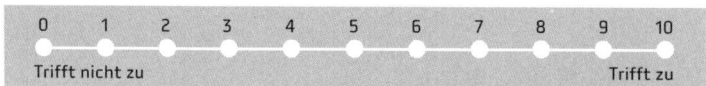

3. Mit fällt es nicht schwer, je nach Situation mein Verhalten umzustellen und anzupassen.

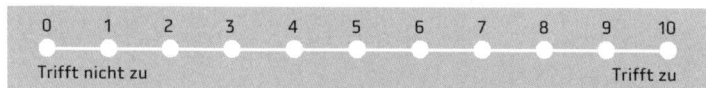

4. Ich mag es, in fremde Rollen zu schlüpfen und mich verschieden darzustellen.

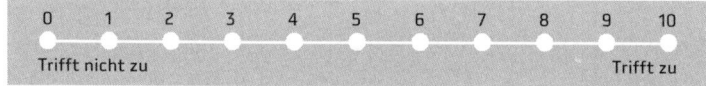

Bitte tragen Sie die Punkte auf den Skalen ein, bilden Sie die Summe und teilen Sie diese durch vier.

Mein Skalenwert für den Politiker: _____

Bürokrat

1. Ich weiß gerne, was ich zu tun habe, und arbeite die Aufgaben pflichtgemäß ab.

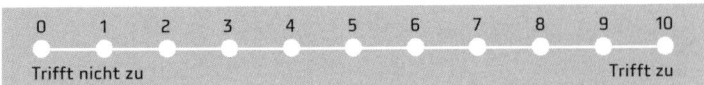

2. Ich vertrete gerne Regeln und Gesetze und achte auf deren Einhaltung.

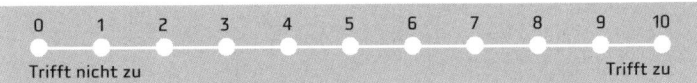

3. Kreative und neue Ideen sind nicht meins – ich halte lieber Bewährtes hoch.

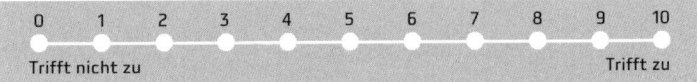

4. Struktur und Ordnung sind für mich wichtig. Diese Prinzipien integriere ich gerne in meinen beruflichen Alltag.

Bitte tragen Sie die Punkte auf den Skalen ein, bilden Sie die Summe und teilen Sie diese durch vier.

Mein Skalenwert für den Bürokraten: _____

Innovationsgeber

1. Ich habe viele Ideen, und mir ist es wichtig, auch in meinem Beruf neue Dinge einzubringen.

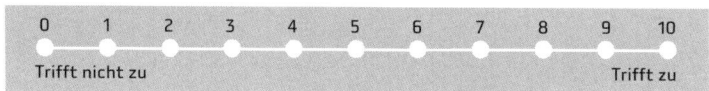

2. Ich bin ein neugieriger Mensch und an Entwicklungen jeglicher Art sehr interessiert.

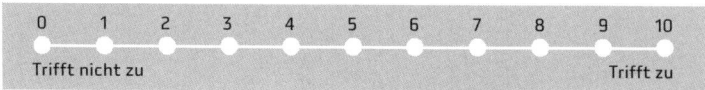

3. Ich tüftele sehr gerne an Problemstellungen herum und mag es, mich über neue Wege zu unterhalten.

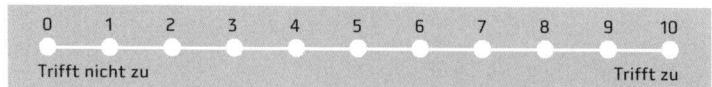

4. Der Beruf des Erfinders à la Daniel Düsentrieb wäre für mich eigentlich ideal!

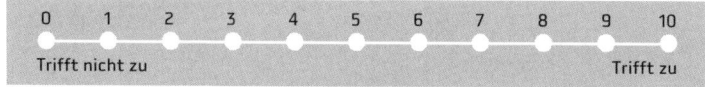

Bitte tragen Sie die Punkte auf den Skalen ein, bilden Sie die Summe und teilen Sie diese durch vier.

Mein Skalenwert für den Innovationsgeber: _____

Introvertierte Denker

1. Ich bin eher still und lebe zurückgezogen – es liegt mir nicht, in großen Runden mitzudiskutieren.

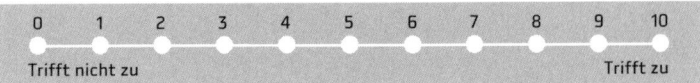

2. Es wäre für mich ein idealer Arbeitstag, wenn mich alle in Ruhe ließen.

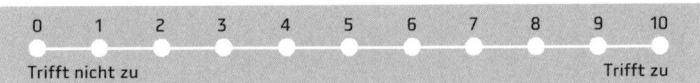

3. Ein guter Arbeitstag besteht bei mir zu mindestens 80 % aus Denkarbeit.

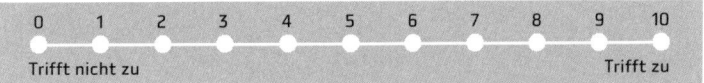

4. Plattformen der Selbstdarstellung und Kundenkontakt liegen mir nicht.

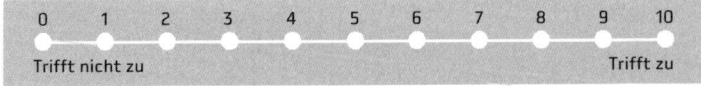

Bitte tragen Sie die Punkte auf den Skalen ein, bilden Sie die Summe und teilen Sie diese durch vier.

Mein Skalenwert für den introvertierten Denker: _____

Bedenkenträger

1. Ich kann Probleme und Gefahren schnell erkennen.

2. Am liebsten beschäftige ich mich mit der Feststellung möglicher Risiken.

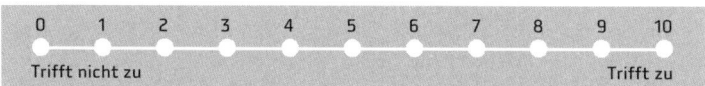

3. Wenn von mir schnelles, pragmatisches Handeln gefordert wird, versage ich oft.

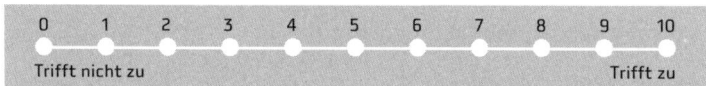

4. Es fällt mir schwer, mich nur auf die positiven Aspekte einer Sache zu konzentrieren.

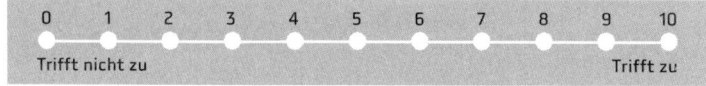

Bitte tragen Sie die Punkte auf den Skalen ein, bilden Sie die Summe und teilen Sie diese durch vier.

Mein Skalenwert für den Bedenkenträger: _____

Revolutionär

1. Ich bin gerne in der Rolle des Andersdenkenden! Ich weiche oft von bestehenden Handlungs- und Lösungsmustern ab.

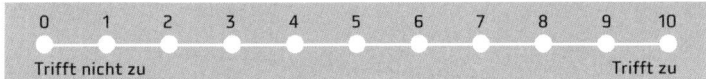

2. In Filmen kann ich mich immer gut mit den Revoluzzern identifizieren.

3. Ich kann mich gut Kritik aussetzen und kämpfe leidenschaftlich für meine Überzeugungen.

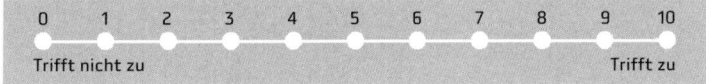

4. Ein Berufsalltag, in dem es bereits für alles eine Lösung gibt und der immer nach Schema F abläuft, wäre mir zu langweilig.

Bitte tragen Sie die Punkte auf den Skalen ein, bilden Sie die Summe und teilen Sie diese durch vier.

Mein Skalenwert für den Revolutionär: _____

Die Bausteine meiner Karriere-DNA

Werten Sie jetzt bitte die Ergebnisse aus. Dazu notieren Sie neben den beruflichen Rollen die entsprechenden Skalenpunkte.

Berufliche Rolle	Skalenpunkte
Unternehmer im Unternehmen	
Politiker	
Bürokrat	
Innovationsgeber	
Introvertierter Denker	
Bedenkenträger	
Revolutionär	

Nachdem Sie diese Übersicht erstellt haben, können Sie erkennen, wo Sie eine besonders hohe Punktzahl erreicht haben. Das sind die Rollen, die Sie gerne einnehmen. Wählen Sie die zwei aus, denen Sie die größte Punktzahl zugeordnet haben, und schreiben Sie sie auf.

Meine zwei wichtigsten beruflichen Rollen, die in meiner Karriere-DNA enthalten sind:

Rolle 1:

Rolle 2:

Berufsstadium

Im letzten Schritt wollen wir feststellen, in welchem beruflichen Stadium Sie sich zurzeit befinden. Aufgrund der zuvor beschriebenen Phasen wird es Ihnen an dieser Stelle sicher leichtfallen, sich zwischen Berufseinstieg, Aufbaujahren, Erntejahren und Berufsaustritt zu entscheiden. Setzen Sie bitte an der richtigen Stelle einen Haken.

Berufseinstieg:

Aufbaujahre:

Erntejahre:

Berufsausstieg:

Überprüfen Sie, ob sich Ihre Werte und Ziele, die Sie sich in den Übungen erarbeitet haben, aufgrund der Tatsache verändern, dass Sie sich in einem speziellen Berufsstadium befinden. Vielleicht stellen Sie fest, dass Sie Ihre jetzige Berufsphase schon in den Übungen mit berücksichtigt haben. Dann müssen Sie an dieser Stelle nichts mehr hinzufügen.

Zusammenfassung Ihrer Karriere-DNA

Wert 1:

Wert 2:

Wert 3:

Ziel 1:

Ziel 2:

Rolle 1:

Rolle 2:

Berufseinstieg:

Aufbaujahre:

Erntejahre:

Berufsaustritt:

Zusammenfassung von KAPITEL 3

- Jetzt kennen Sie Ihre wichtigsten Werte, Ihre beruflichen Ziele und die Rolle(n), die Sie am liebsten einnehmen. Und Sie wissen, in welchem Berufsstadium Sie sich befinden.

- In einem nächsten Schritt müssen wir das richtige Unternehmen finden, das zu Ihrer Karriere-DNA passt.

Wie entschlüssele ich meine Karriere-DNA?

4. KAPITEL

Unternehmens-DNA: verschiedene Typen

Die Kenntnis der Bestandteile Ihrer Karriere-DNA ist die Basis für die Suche nach einer beruflichen Tätigkeit, die Sie glücklich und zufrieden macht. Doch das allein reicht nicht aus. Was nützt Ihnen dieses Wissen, wenn Sie es in der Praxis nicht umsetzen können, weil Sie z.B. bei einem Unternehmen beschäftigt sind, in dem Sie Ihre Werte, Ziele und Rollen nicht verwirklichen können?

Um herauszufinden, ob eine Firma zu Ihnen und Ihren Vorlieben passt, müssen Sie auch die einzelnen Bestandteile der Unternehmens-DNA analysieren und die verschiedenen Unternehmenstypen genauer betrachten.

Bestandteile der Unternehmens-DNA

Die DNA einer Firma besteht aus drei Faktoren:

- Unternehmenskultur
- Unternehmensstrategie
- Position im Unternehmen

Alle drei Bereiche müssen zu Ihnen passen, damit Sie sich an Ihrem Arbeitsplatz wohlfühlen. Die Unternehmenskultur sollte Ihre Werte widerspiegeln und die Unternehmensstrategie Ihre beruflichen Ziele unterstützen. Wichtig ist auch, dass Sie eine Position bekleiden, in der Sie Ihre bevorzugten Rollen einbringen können. Wenn das alles gegeben ist, besteht ein perfekter Fit zwischen Ihnen und dem Arbeitgeber.

Unternehmenskultur

Karriere-DNA	Unternehmens-DNA
Berufliche Werte	**Unternehmens-kultur**

Der Begriff Unternehmenskultur wird von Praxis und Wissenschaft unterschiedlich benutzt und ist daher nur schwer in einem Satz zu definieren. Einig sind sich alle darüber, dass sich die Kultur eines Unternehmens aus grundlegenden Überzeugungen und Werten zusammensetzt und ein komplexes Konstrukt mit hohem Einfluss auf den wirschaftlichen Erfolg ist. Die Kultur ist vom Management entwickel- und veränderbar.

Im Dezember 2009 veröffentlichte Kienbaum zu diesem Thema eine Studie (*Michael Leitl und Sonja Sackmann: Werte: Unternehmenskultur als Erfolgsfaktor, in: Harvard Business Manager, 01/2010, S. 2 ff.*). Danach bildet der Kern einer Unternehmenskultur das Selbstverständnis und die Werte des Unternehmens. Die Unternehmenskultur verdeutlicht also, was die Firma ausmacht und welche Werte hier fokussiert und gelebt werden.

Wie bereits angedeutet, ist eine Unternehmenskultur nicht starr, sondern wird u. a. vom obersten Management geformt. Wechselt der Vorstand und kommt ein anderer mit neuen Ideen und Anforderungen, wird auch die Kultur der Firma eine andere Richtung nehmen. Allerdings nur dann, wenn die neuen Vorgaben nachhaltig und über einen gewissen Zeitraum vertreten werden und die unteren Managementebenen die Ideen und Wünsche des Vorstandes konsequent an die Mitarbeiter weitergeben.

Hier schließt sich die Frage an, welche Unternehmenskultur die bessere, sprich erfolgreichere ist. Leider lässt sich das so pauschal nicht beantworten. Der Erfolg einer Firma hängt im

Wesentlichen davon ab, inwieweit sie in der Lage ist, sich den wirtschaftlichen Veränderungen anzupassen. Insofern kann man sagen, dass eine Unternehmenskultur dann erfolgreich ist, wenn sie flexibel ist und es möglich macht, sich auf notwendige Reformen einzustellen.

Das Credo der oben genannten Studie lautet: Die Art der Unternehmenskultur bekommt für den wirtschaftlichen Erfolg einer Firma eine immer größere Bedeutung. Das heißt, dass Firmen, die Mitarbeitern ein optimales Arbeitsklima zur Verfügung stellen, bessere Ergebnisse erwirtschaften als solche, die diesem Thema keine oder nur eine geringe Beachtung schenken. Die Untersuchung stellt aber auch fest, dass sich trotz dieser Erkenntnis die meisten Unternehmen nicht um die eigene Kultur kümmern.

Doch für uns ist an dieser Stelle auch nicht entscheidend, welche Unternehmenskultur zu den besten Ergebnissen führt, sondern in welcher Sie am glücklichsten sind.

In der Organisationsberatung beschäftigt man sich schon seit längerer Zeit mit den Kulturen in Unternehmen. Deal, Kennedy (*Terence E. Deal, Allan A. Kennedy: Corporate Cultures, Perseus 2000*) und Schein (*Edgar H. Schein: Organizational Culture and Leadership, San Francisco 1985*) haben verschiedene Kulturmodelle für den Markt entwickelt.

Mit Begriffen wie Corporate Identity (CI) oder auch Corporate Architecture (hiermit ist die Architektur des Unternehmensgebäudes gemeint, die die Werte der Firma ausdrücken soll) wird gezeigt, dass das Nach-außen-Kenntlichmachen der Unternehmenswerte eine immer größere Rolle spielt. Kunden sollen sehen, welche Werte die Firma verkörpert, Mitarbeiter sollen wissen, wofür sie stehen, wenn sie für das Unternehmen tätig werden.

Die Corporate Identity drückt den internen Firmenstil, die strategischen Ziele und die Führungsgrundsätze aus. Damit sie in- und extern Wirkung entfaltet, werden Führungskräfte und auch Mitarbeiter darauf geschult. Kleiderordnungen werden festgelegt, einheitliche Designs geschaffen, das Bild des Unternehmens soll nach innen und außen für alle stimmig sein. Aber

Vorsicht: Nicht alle Entwürfe halten der Überprüfung auch stand. Es kann durchaus nur ein Wunschbild des obersten Managements sein, wie man sich und das Unternehmen gerne sehen würde. Insofern muss man bei der Firmen-CI kritisch bleiben und sie mit Abstand genießen. Es lohnt sich daher immer, den Blick hinter die Fassade zu wagen und an dem nach außen durchscheinenden Image etwas zu kratzen, um sicherzustellen, dass man die Kultur richtig erfasst hat.

Hedwig Kellner hat in ihrem Buch *Die Teamlüge: Von der Kunst, den eigenen Weg zu gehen, Frankfurt am Main 1997,* vier Kulturtypen von Unternehmen beschrieben:

- **Dorfkultur**
- **Dschungelkultur**
- **Stadtkultur**
- **Wanderkultur**

Dorfkultur

In Unternehmen, die diese Kultur verkörpern, werden Werte wie gegenseitige Hilfe, Rücksichtnahme und Solidarität großgeschrieben. Die Mitarbeiter identifizieren sich sehr stark mit ihrem Betrieb, in dem es eine klare Hierarchie gibt. Menschliche Wärme und eine unkomplizierte Kommunikation sind Vorteile dieser Kultur, das Festhalten an alten Zöpfen, die Einmischung in das Privatleben der Mitarbeiter und klare Unterordnung dagegen Nachteile.

Dschungelkultur

Kellner spricht von einer Dschungelkultur, wenn Unternehmen schnell wachsen, doch parallel dazu noch nicht die benötigten Strukturen gebildet haben. Die Mitarbeiter kennen sich nicht mehr untereinander, weil es zu viele Neuzugänge gibt, die alten Gefüge und Prozesse reichen nicht mehr aus, das Tagesgeschäft abzudecken. Organigramme und Machtverhältnisse in der Firma sind nicht mehr durchsichtig. Der Vorteil ist, dass man schnell eigene Ideen umsetzen kann – zumindest dann, wenn man die internen Machtverhältnisse kennt.

Auch schnelle und unbürokratische Beförderungen oder sonstige Entscheidungen sind möglich. Auf der anderen Seite herrschen verworrene, beinahe chaotische Zustände, und es gibt Intrigen und Geheimbünde, die das Spiel bestimmen.

Stadtkultur

Bei einem mittlerweile dem Dorf entwachsenen, ehemals kleinen Unternehmen, in dem nun neue Strukturen vorherrschen, die den aktuellen Anforderungen besser gerecht werden, ist die Rede von einer Stadtkultur. Hier herrschen klare Regeln, die allen bewusst sind und an die sich auch jeder Mitarbeiter zu halten hat. Man schafft sich sowohl in- als auch extern eine einheitliche Corporate Identity.

Die Vorteile liegen klar auf der Hand. Aufgrund der neuen Regelungen weiß jeder, woran er ist. Niemand ist der Willkür seiner Führungskraft oder interner Netzwerke ausgeliefert. Gehaltsstrukturen sind einem System unterworfen und transparent. Der Nachteil ist, dass Mitarbeiter sich aufgrund der Größe des Unternehmens nicht mehr persönlich kennen und ein Gefühl der Anonymität eintritt. Neue Strukturen machen das Arbeiten schwerer und behindern die Flexibilität in der Umsetzung neuer Ideen.

Wanderkultur

Anders als bei den drei zuvor beschriebenen Kulturen entsteht die Wanderkultur nicht aus einer Phase des Wachstums, sondern stellt eine andere, von vornherein feststehende Art der Unternehmensphilosophie dar. Hier ist fest definiert, dass die Mitarbeiter einige Jahre bleiben, danach aber weiterziehen. Man möchte das Potenzial kurzfristig für sich nutzen und bevorzugt dann wieder »Frischfleisch« mit neuen Ideen.

Die hohe Beweglichkeit und Dynamik in diesen Firmen kann für viele durchaus einen Vorteil bedeuten – wenn einem diese Strukturen liegen. Sicherheitsorientierte Mitarbeiter sind hier sicherlich weniger gut aufgehoben. Klar ist: Das Verlassen des Unternehmens wird schon in der Einstellung mit gebucht.

Diese vier Arten von Kulturen nach Kellner mögen für den einen oder anderen von Ihnen vielleicht schon eine kleine Hilfe in der Einordnung der eigenen Vorzüge sein. Sie ergänzen die fünf Unternehmenstypen, die wir im Folgenden unterscheiden.

Unternehmensstrategie

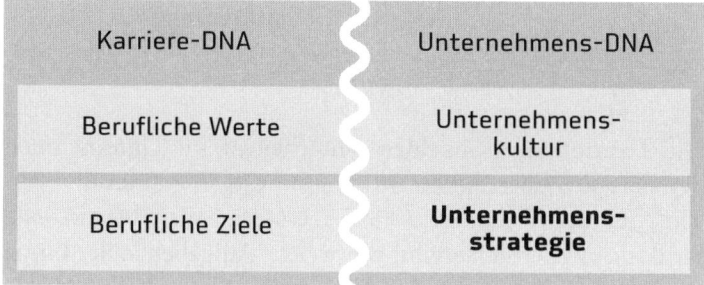

Karriere-DNA	Unternehmens-DNA
Berufliche Werte	Unternehmens-kultur
Berufliche Ziele	**Unternehmens-strategie**

Die Strategie eines Unternehmens spiegelt sich in den Handlungen wider, die es vornimmt, um seine Zielsetzungen zu erreichen. Sie beschreibt also einen bestimmten Plan, wie das Unternehmen vom Istzustand erfolgreich zum Ziel gelangt. Die Unternehmensstrategie kann sich auf kurze, mittel- oder langfristige Ziele konzentrieren. Ist z. B. das Ziel eines Unternehmens, die Kosten in der IT-Abteilung zu reduzieren, dann kann die Strategie beinhalten, einen Teil der hier anfallenden Aufgaben outzusourcen. Verfolgt ein anderes Unternehmen den Gedanken, in Russland Umsätze zu machen, kann es die Strategie entwickeln, dort eine eigene Firma zu gründen oder eine Kooperation einzugehen. Die Unternehmensstrategie hängt also im Wesentlichen immer von den Zielen und der vorherrschenden Unternehmenskultur ab.

Position im Unternehmen

Karriere-DNA	Unternehmens-DNA
Berufliche Werte	Unternehmens-kultur
Berufliche Ziele	Unternehmens-strategie
Berufliche Rolle(n)	**Position im Unternehmen**

Die Position des einzelnen Mitarbeiters im Unternehmen definiert sich über die Zuordnung im Organigramm und den Titel auf der Visitenkarte. Jedes Unternehmen besitzt eine Struktur, aus der sich ergibt, wer welche Aufgaben in der Firma wahrnimmt. In den meisten Fällen sind Organigramme grafisch dargestellt, in kleineren Unternehmen oder solchen, die sich gerade stark verändern, liegen etwaige Schaubilder nicht immer vor.

Verschiedene Unternehmenstypen

Da die DNA eines Unternehmens genauso individuell ist wie die Karriere-DNA eines Menschen, ist es nicht immer einfach, sie richtig einzuordnen. Wenn man aber genauer hinsieht, stellt man fest, dass zwar jede Firma ihre eigenen Regeln und Gesetze hat, nach denen sie funktioniert, jedoch grundsätzlich fünf Typen zu unterscheiden sind. Diese nennen wir:

- **Typ I:** Ahnentafel und Ölgemälde
- **Typ II:** Großraumbüro und Fußballkicker
- **Typ III:** Glasgebäude und moderne Kunst
- **Typ IV:** Verwaltung und Sicherheit
- **Typ V:** Politik und Idealismus

Zunächst möchte ich diese Unternehmen kurz beschreiben, damit wir von ihnen das gleiche Bild vor Augen haben.

Typ I: Ahnentafel und Ölgemälde – das inhabergeführte, werteorientierte Unternehmen

Es gibt Firmen, die sich seit vielen Generationen in der Hand derselben Familie befinden. Da es immer einen Inhaber gab, der sich vor Ort um das Wohl und Befinden seiner Mitarbeiter gekümmert hat, herrschen dort klare Werte und Regeln, die im Unternehmen stark verankert sind. Jede Folgegeneration bringt zwar neue Grundsätze ein, knüpft aber an das Wertesystem des vorherigen Inhabers an.

Fehlt der Nachfolger, wird das Management nach außen gegeben. Ein Geschäftsführer wird eingestellt, der in den meisten Fällen immer noch sehr eng mit den Eigentümern zusammenarbeitet … und hin und wieder das Unternehmen durch ein egoistisches Management in die Insolvenz führt.

Das Ziel eines inhabergeführten Unternehmens ist natürlich – wie bei allen anderen auch – der Gewinn. Jedoch ist die Art und Weise, Profit zu machen, von anderen Unternehmenskulturen zu unterscheiden. Die Geschäfte werden langfristiger geplant, und das Engagement ist nachhaltiger. Es geht nicht darum, kurzfristig die Zahlen im Business Case zu schönen, es sei denn, man versucht sich gerade vor einem möglichen Konkurs zu retten oder der Eigentümer steht vor dem Verkauf der Firma und möchte dabei möglichst fett verdienen.

Wenn wir aber von einem haltbaren und seriösen Management des Inhabers ausgehen, dann sollen Geschäfte auf soliden Beinen stehen und dem Unternehmen Erfolg bringen. Nachhaltigkeit ist ein gelebter Wert, anders als bei einem angestellten Geschäftsführer, der drei oder fünf Jahre in der Position verbleibt und sich dann nach dem nächsten Karriereschritt woanders umsieht. In diesen Firmen werden menschlicher Umgang und auch das Mittragen von Kollegen, die krankheitsbedingt nicht mehr zu hundert Prozent Leistung bringen können, großgeschrieben. Man darf hier 50 Jahre und auch noch etwas älter werden!

Diese Art von Unternehmen soll an dieser Stelle aber nicht zu sehr idealisiert werden, denn auch inhabergeführte, klein- und mittelständische Firmen stehen heutzutage unter enormem Wettbewerbsdruck und müssen sich den Marktgegebenheiten anpassen. Trotzdem stimmt die Beobachtung, dass in vielen Fällen die oben beschriebenen Wertevorstellungen, so weit wie möglich, umgesetzt werden.

Typ II: Großraumbüro und Fußballkicker – das jung-dynamische Unternehmen

Welche Firmen sind hierunter zu verstehen? Zum einen solche, die sich neu gegründet haben und sich entweder noch in der Start-up-Phase befinden oder die Start-up-Phase gerade hinter sich gelassen haben, sich aber immer noch mit der eigenen Etablierung beschäftigen. Zum anderen die Unternehmen, die in bestimmten Branchen tätig sind, in denen es erforderlich ist, dass man sich unabhängig von Firmenalter und Größe eine gewisse Dynamik und Flexibilität bewahrt. Damit gemeint sind z. B. der Multimediabereich, die Telekommunikations- oder Modebranche. Betrachtet man den Altersdurchschnitt in diesen Branchen, findet man kaum Mitarbeiter über 50 Jahre. Diese Firmen leben von neuen, kreativen Ideen und schnellem Wandel. Sie tummeln sich jeden Tag in einem Haifischbecken. Fehler werden aufgrund der schnellen Bewegungen kaum verziehen.

Damit die Mitarbeiter ihre Energien bis zum Anschlag in die Firma stecken, werden sie emotional eingefangen. Ein Großraumbüro fördert den Teamspirit und die Kommunikation untereinander. Und jeder kann beobachten, wer wie viel arbeitet und wer wann kommt und geht. Ein Fußballkicker, eine Dartscheibe, kostenlos Wasser und Kaffee sowie hin und wieder eine Pizza von Joey's um die Ecke – all das fördert die Bindung und das Gefühl, die Kollegen seien gleichzeitig auch Freunde. Der Vorstand gibt große Ziele vor, motiviert die Mitarbeiter und schafft im besten Fall klare Feindbilder, gegen die man gemeinsam kämpfen und sich verbünden kann.

Alt wird man in solchen Unternehmen nicht. Man hat für einige Jahre eine gute Zeit miteinander, lernt viel Neues kennen und kann sich in Projekten oder Positionen ausprobieren – bis zu dem Tag, an dem man feststellt, dass man woanders mehr Geld verdienen könnte und die Firma bittet, das Gehalt an marktübliche Löhne anzupassen. Dann bekommt man den Wink, sich doch besser nach etwas anderem umzusehen. Wehe denen, die darauf gebaut haben, in diesem Unternehmen alt zu werden. Und Glückwunsch an diejenigen, die diese Firma als strategisches Sprungbrett nutzen, um woanders weiter Karriere zu machen.

Typ III: Glasgebäude und moderne Kunst – das machtorientierte Lifestyle-Unternehmen

Gewachsene Firmen, national oder international aufgestellt, werden von Geschäftsführern bzw. Vorständen auf Zeit geführt. Viele dieser Unternehmen sind börsennotiert oder durch *Private Equity* finanziert. Es gibt im Hintergrund nicht *den* einen Inhaber wie beim Unternehmenstyp I, der persönlich am Wohl der Firma interessiert ist. Vielmehr benutzt das oberste

Management das Unternehmen als Konstrukt, um möglichst schnell Karriere zu machen und sich durch erzielte Erfolge in anderen Unternehmen zu empfehlen. Das mag jetzt etwas hart klingen, und bestimmt gibt es auch den einen oder anderen Geschäftsführer, der besondere Ziele für das Unternehmen hat, die ihm wichtig sind. Da es aber nicht sein Eigentum ist, schwingt bei jeder Handlung immer die Frage mit: Was habe ich davon und bekomme ich dafür?

Oft hat das Unternehmen eine so hohe Anzahl an Mitarbeitern, dass nicht jeder jeden kennt. Und vielfach ist die Abbildung des Organigramms die einzige Möglichkeit, die Kollegen den jeweiligen Positionen einzuordnen. Erfolgt auf der höchsten Ebene ein Wechsel, können sich auch die Unternehmenskultur und -strategie ändern. Der nachrückende Geschäftsführer bzw. Vorstand mag dann andere Werte in das Unternehmen bringen bzw. neue Ziele fokussieren. Insofern weiß man aufgrund der Größe des Unternehmens, der Intransparenz in den Abläufen und der schnellen Wechsel im Management häufig nicht ganz genau, woran man ist und welches Ziel eigentlich gerade verfolgt wird.

Hier kommt der Vorstand morgens nicht in die Büros der Mitarbeiter, gibt jedem die Hand und fragt, wie es geht. Es gibt nur wenige, die überhaupt direkten Kontakt zur obersten Spitze haben. Viele Mitarbeiter werden sie nur von Bildern oder aus Erzählungen kennen. Dieses System führt dazu, dass es Abteilungen gibt, die gut miteinander klarkommen und sich gegen andere interne Bereiche abgrenzen. Natürlich nicht mit Zustimmung des Managements.

Die Regeln in dieser Art von Unternehmen sind klar und strukturiert. Es gibt bestimmte Prozessabläufe, die eingehalten werden müssen. Da hier allerdings nicht mehr das Motto »Einer für alle, alle für einen« gilt, versuchen viele, ihre Macht auszubauen und den eigenen Einfluss zu erhöhen; u. a. durch geschicktes Netzwerken und Intrigen. Statussymbole werden angehäuft und gern gezeigt.

Um auch nach außen das moderne, machtorientierte Unternehmen zu verkörpern, müssen die passenden Räumlichkeiten her. Man wechselt in einen anderen Bürokomplex, möglichst transparent und zeitgemäß, in eine der angesagten Ecken der Stadt – wie z. B. in den ausgebauten Hafen. Die Corporate Identity wird entsprechend angepasst.

Typ IV: Verwaltung und Sicherheit – das sich selbst verwaltende Unternehmen

Dieser Unternehmenstyp ähnelt dem vorherigen in vielen Punkten, u. a. handelt es sich hierbei auch um eine gewachsene Firma, die sich seit vielen Jahren etabliert hat und die eine klare interne Struktur aufweist. Das Unternehmen ist ebenfalls national oder international aufgestellt, und auch hier verhindert die Anzahl der Mitarbeiter, dass jeder jeden kennt.

Die Vorstände und Geschäftsführer bleiben jedoch oft länger als drei bis fünf Jahre im Amt und dürfen auch älter als 45 Jahre werden. Erfahrung im Management wird gesehen und wertgeschätzt. Auch wenn sich diese Art von Unternehmen nach außen gern modern geben möchte, nimmt man es ihm kaum ab. Durch das ständige Wachstum und die zunehmende Unübersichtlichkeit werden Prozesse seit Langem nur noch verwaltet und nicht mehr gestaltet. Internationale Investoren – vielleicht auch die Börse – fordern zwar genau das, aber dieser Unternehmenstyp ist nur langsam in der Lage, seine Abläufe zu modifizieren.

Im Gegensatz zum machtorientierten Lifestyle-Unternehmen, das radikal nach Veränderung und Modernität strebt und alles in Kauf nimmt, um diese Attribute zu erfüllen, auch wenn viele Mitarbeiter dabei geopfert werden müssen, hat das sich selbst verwaltende Unternehmen eine andere Vorgehensweise. Es ist häufig in etwas konservativeren Bereichen tätig, eventuell betreut es sogar Geschäfte des Landes und hat möglicherweise auch den Bund als einen Gesellschafter an Bord. Die Mitarbeiter sind dort seit 10, 20 oder 30 Jahren beschäftigt und haben den Arbeitsplatz einst gewählt, um ihr Bedürfnis nach Sicherheit und Ordnung zu stillen. Das macht es dem Unternehmen schwer, sich schnellen und wechselnden Marktanforderungen zu stellen.

Unterhält man sich mit den einzelnen Mitarbeitern, erkennt man unterschiedliche Typen. Es gibt viele Personen, die es sich im Unternehmen gemütlich gemacht haben und ihren Job lediglich verwalten. Dann gibt es diejenigen, die aus ihrer verwaltenden Komfortzone gerissen werden und sich jetzt neuen Aufgaben stellen müssen. Hier herrscht meistens mehr Frust als Motivation, weil die Veränderungen entweder nicht gewünscht werden oder sich die Betreffenden mit den Neuerungen überfordert fühlen. Und schließlich gibt es noch die Mitarbeiter, die mit ambitionierten Zielen versuchen, das System voranzubringen und die anderen mitzureißen, mit mehr oder weniger großem Erfolg.

Zu diesem IV. Unternehmenstyp gehören auch Verwaltungsbehörden oder sonstige staatliche Einrichtungen, wo ähnliche Kulturen und Strategien gelebt werden wie in einem sich selbst verwaltenden Unternehmen.

Typ V: Politik und Idealismus – das politisch korrekte Unternehmen

Der letzte hier vorgestellte Unternehmenstyp, das politisch korrekte Unternehmen, spiegelt Firmen wider, die Produkte mit einem gewissen Idealismus vertreiben oder für Dienstleistungen stehen, die etwas gesellschaftlich Bestehendes verändern sollen.

Das Unternehmen wird mit viel Hingabe und Begeisterung aufgebaut, dabei identifizieren sich die Gründer vollständig mit den Produkten und Leistungen. Sie wollen nicht einfach nur Marktanteile erobern und etwas verkaufen, sondern stehen für eine bestimmte Aussage – mit mehr oder weniger politischem Gehalt –, die auf Missstände aufmerksam machen und Alternativen anbieten soll. Das kann aber nicht darüber hinwegtäuschen, dass auch diese Firmen ganz klar die Absicht haben, Gewinn zu erwirtschaften. Doch dieses Ziel verfolgen sie nicht um jeden Preis, es sei denn, das Unternehmen verliert z. B. durch Verkauf, Börsengang oder einen fremd eingesetzten

Geschäftsführer seinen eigentlichen Auftrag auf dem Weg zum Wachstum.

Schauen wir uns als plakatives Beispiel den Naturkostladen um die Ecke an. Sein Besitzer und die Mitarbeiter haben zwei Anliegen. Zum einen möchten Sie sich von den Gewinnen ernähren. Zum anderen wollen sie andere Menschen auf Missstände in Lebensmitteln aufmerksam machen und für eine andere Art von Nahrung werben. Je größer das Unternehmen, je mehr Mitarbeiter und je mehr externe Geldgeber in das Business einsteigen, desto schwerer wird es, die eigenen Visionen konsequent weiterzuverfolgen. Ob die großen Biomarktketten zu dieser Kategorie gehören, ist sehr zu bezweifeln. Vielleicht findet man bei einigen Mitarbeitern noch einen gewissen Idealismus. Das Firmenkonstrukt an sich ist aber eher dem Unternehmenstyp III zuzuordnen.

Verbände wie WWF oder Greenpeace und Gesellschaften, die sich für Minderheiten oder soziale Probleme einsetzen, gehören sicher hierher. Auch wenn diese Art von Unternehmen etwas Gutes bewirken möchte, sollte man sich immer darüber bewusst sein, dass es auch hier um Macht geht, auch wenn nicht offen darüber geredet wird.

Es gibt fünf verschiedene Unternehmenstypen mit einer ganz eigenen DNA. Man unterscheidet das inhabergeführte Unternehmen, das junge und dynamische, das machtorientierte, das sich selbst verwaltende und das politisch korrekt agierende. Jedes einzelne Unternehmen hat eine andere Kultur und Firmenstrategie.

Unternehmens-DNA Typ I
(das inhabergeführte, werteorientierte Unternehmen)

Renate aus Dortmund arbeitet in einem kleinständischen Unternehmen und berichtet darüber Folgendes: »Ich bin seit 20 Jahren in einem Großhandel tätig, der seit drei Generationen inhabergeführt ist. Gleich nach meiner Ausbildung bin ich dort eingestiegen. Ich hatte mir überhaupt keine Gedanken darüber gemacht, ob ich zum Betrieb passe oder ob die Unternehmenskultur mit meinen Überzeugungen übereinstimmt. Mir war es wichtig, schnell Geld zu verdienen und einen nicht allzu langen Arbeitsweg zu haben. Also habe ich mich beworben.

Wenn Sie mir jetzt die Frage nach der Kultur im Unternehmen stellen, muss ich einmal kurz überlegen ... Ich würde sagen, dass bei uns noch der Mensch etwas zählt. Natürlich will der Junior, der die Firma vor fünf Jahren übernommen hat, sich beweisen und den Gewinn steigern. Wir sind gerade dabei, Märkte in Osteuropa zu erschließen und neue Produkte in das Warensortiment aufzunehmen. Das heißt, natürlich geht es auch bei uns jeden Tag um Leistung. Aber verglichen mit den großen Konzernen, deren Arbeitsweisen ich durch Freunde mitbekomme, ist bei uns der Umgang viel menschlicher. 30 % unserer Belegschaft sind über 50 Jahre alt, und bislang hat der Inhaber noch nicht daran gedacht, jemandem von ihnen zu kündigen und durch einen jüngeren und damit auch preiswerteren Mitarbeiter zu ersetzen.

Freitags bringt der Chef häufig Kuchen in die Firma mit, und wir sitzen kurz zusammen und klönen. Ich will das jetzt nicht zu sehr idealisieren, weil es sicher auch bei uns Dinge gibt, die ich gerne verändern würde. Die Nähe und menschliche Verknüpfung sowohl zu der Familie des Inhabers als auch zu den anderen Kollegen macht es mir manchmal schwer, mich abzugrenzen und z. B. bei Gehaltsverhandlungen klarer aufzutreten. Da ich ein erweitertes Familienmitglied bin und den jetzt geschäftsführenden Inhaber schon seit Kindheitstagen kenne, fällt es mir manchmal richtig schwer, das Emotionale außen vor zu lassen und nur auf der Sachebene zu argumentieren.

Schwer auszuhalten sind bei uns auch die zum Teil langwierigen Prozesse. Es dauert ewig, bis wir Bestehendes erneuern. Eigentlich müsste es schnell gehen, weil wir eine flache Hierarchie haben. Aber da gibt es ja auch noch den Senior, der zwar nicht mehr aktiv im Unternehmen tätig ist, aber als unser Berater fungiert. Und der schaut sich Erneuerungen nicht wirklich immer objektiv an, sondern möchte, dass seine eingeführten Prozesse weiterleben.

Menschlich kann ich das sehr gut verstehen, die Firma ist sein Werk. Aber dadurch entscheidet er nicht immer zum Besten des Unternehmens. Der Junior ist aber leider von den Entscheidungen seines Vaters abhängig, da ihm die Firma noch nicht überschrieben wurde. Ich bereue es nicht, hier zu arbeiten, weil für mich die Menschlichkeit und auch der persönliche Kontakt sehr wichtig sind. Insofern passt diese DNA-Komponente des Unternehmens zu meinen eigenen Werten in meiner Karriere-DNA. Aber ich weiß, dass das auch nicht jedermanns Sache ist.«

Etwas andere Erfahrungen mit dieser Art von Unternehmen hat Arne aus Berlin gemacht: »Dieser Firmentyp kommt für mich überhaupt nicht mehr infrage. Und ich kann Ihnen auch ganz klar sagen, warum. Ich bin mit Ende 20 in ein inhabergeführtes Unternehmen eingestiegen, das sehr tradiert und werteorientiert war. In den ersten Jahren hat es mir viel Spaß gemacht, mit dem Inhaber zu arbeiten. Ich war praktisch so etwas wie seine rechte Hand, und eigentlich war allen in der Firma klar, dass ich sein Nachfolger werden würde. Das war auch der Grund, warum ich so viel gearbeitet habe und manchmal auch die Nächte und Wochenenden dort verbracht habe.

Tja, und eines Tages änderte sich alles. Auf einmal wollte der Junior, der gerade sein BWL-Studium absolviert hatte, die Geschäftsführung übernehmen, zunächst noch unter dem Senior. Ich kann Ihnen gar nicht in Worten schildern, was in dieser Zeit in der Firma abging. Senior und Junior waren überhaupt nicht auf einer Wellenlänge, und es herrschte zwischen beiden große Spannung. Die musste natürlich von der ganzen

Belegschaft mitgetragen werden. Und dennoch ließ der Senior nicht von dem Gedanken ab, dass sein Sohn das Unternehmen übernehmen soll. Ich war eigentlich überhaupt kein Thema mehr. Aber der Junior fing irgendwann trotzdem an, mich als Konkurrenten zu sehen und zu bekämpfen. Das heißt, er machte mich bei seinem Vater schlecht. Und obwohl er sich mit seinem Sohn nicht verstand, war das Blut wohl doch dicker als alles andere, und auch der Vater fing an, mich herabzusetzen.

Ich habe das ganze Spiel ein Jahr lang mitgemacht, immer noch in der Hoffnung, dass ich meinen Platz in der Geschäftsführung finden werde. Denn es gab vieles, was mich mit der Firma verband: das kleine, übersichtliche Team, das menschliche Miteinander, die emotionale Verbundenheit mit allem, was da war ... Wir waren praktisch wie eine große Familie. Ich habe es dann aber nicht mehr ausgehalten und bin gegangen.

Heute bin ich Gruppenleiter in einem Konzern. Dort herrscht eine komplett andere Kultur, einiges ist besser, manches schlechter. Mittlerweile habe ich da meinen Platz gefunden und ziehe es heute vor, nicht mehr jeden Morgen mit so viel emotionaler Verbundenheit zur Arbeit zu gehen. Wenn Sie mich fragen, ich rate jedem Berufseinsteiger oder Berufswechsler, sich intensiv mit dem Thema Unternehmens-DNA auseinanderzusetzen. Ich glaube, dass man sich von vornherein viele Enttäuschungen ersparen kann, wenn man sich darüber klar ist, was man braucht, um sich in einer Firma wohlzufühlen, und wo einem genau das geboten wird. Sicher kann es sich auch dann anders gestalten als gedacht. Aber man hat sich zumindest schon einmal Gedanken gemacht und weiß, auf welche Werte man achten sollte.«

Kultur des Unternehmenstyps I

Wenn wir versuchen, die Unternehmenskultur eines inhabergeführten Unternehmens zu beschreiben, können wir Folgendes feststellen:

- **Familie und Lebensqualität**
- **Harmonie und Beziehungen**
- **Ordnung und Beständigkeit**

Familie und Lebensqualität

Das inhabergeführte Unternehmen, das häufig von Generation zu Generation vererbt wird, hat eine Geschichte. Und das ist nicht irgendeine, sondern eine Familiengeschichte. Der Inhaber ist meistens auch Geschäftsführer und hat die Firma aufgebaut – sie ist ein wesentlicher Bestandteil seines Lebens. In diesem Zusammenhang werden Aussagen getroffen wie:

- »Die Firma ist mein Baby.«
- »Die Firma ist für mich wie eine (erweiterte) Familie.«

Dadurch wird deutlich, dass der Inhaber sich stark mit dem identifiziert, was er geschaffen hat. Und keinen von uns wundert es, dass das so ist. Denn auch angestellte Geschäftsführer oder Mitarbeiter identifizieren sich zum Teil sehr mit ihrem Job, und das obwohl sie »nur« angestellt sind. Da kann man sich vorstellen, dass eine eigens geschaffene und aufgebaute Firma einen großen Stellenwert im Leben eines Menschen einnehmen kann.

Aus diesem Grund ist es nur verständlich, dass sich der Inhaber dafür einsetzt, Bestehendes und Geschaffenes zu erhalten und am besten von Generation zu Generation weiterzugeben. Das ist seine Art von Vermächtnis, an das sich die Belegschaft auch nach seinem Tod noch erinnert.

Ein anderer Grund für die wenigen Veränderungen ist, dass der Inhaber sein Leben lang an der Spitze war und sich in vielen Fällen nicht mit 65 Jahren verabschiedet, sondern deutlich später. Es gibt jede Menge Firmeninhaber, die auch mit Ende 70 und Anfang 80 nicht das Zepter abgeben können. Da es also in der obersten Etage nur sehr selten Führungswechsel gibt, weht dort wenig frischer Wind. Der Inhaber hat Prozesse aufgesetzt und hält an ihnen fest. Es gibt niemanden, der sich an der Spitze neu beweisen muss und neue Ideen einbringt. Und so läuft das Firmensystem manchmal mehr schlecht als recht jahrelang weiter vor sich hin. Bestimmt gibt es auch den einen oder anderen Firmeninhaber, der sich die Meinung eines Beraters einholt, der von außen besser reflektieren kann. Manchmal kommt es dann so zu Neuerungen, aber das ist nicht der Regelfall.

Hierzu Eduard aus Koblenz: »Ich leite jetzt seit mittlerweile 30 Jahren die Buchhaltung in einem Unternehmen. So etwas gibt es ja heutzutage so gut wie gar nicht mehr. Die Firma war auch mein Ausbilder, und ich bin gleich nach dem Abschluss hier eingestiegen. Bis vor einem Jahr war der Senior noch Geschäftsführer, dann hat seine Tochter das Steuer übernommen. Bei uns wird Tradition noch hochgehalten, und es geht darum, das zu bewahren, was wir uns aufgebaut haben.

Ich bin sicher, dass die Tochter neue Ideen in die Firma einbringen wird. Aber sie wird auch versuchen, an Bewährtem festzuhalten. Das Gute ist ja, dass sie sich nicht in zwei bis drei Jahren beweisen muss und in dieser Zeit den ganzen Laden umkrempelt, um dann in einem anderen Unternehmen wieder bessere Karrierechancen zu haben. Sie wird hier wahrscheinlich – genauso wie die Generationen vor ihr – alt werden und die Firma dann einem ihrer Kinder vererben. Daher steht sie nicht unter dem Druck, die Zahlen schnell beschönigen zu müssen. Hier können Dinge noch wachsen, und das darf auch seine Zeit dauern. Klar haben wir seit einigen Jahren auch mehr Wettbewerbsdruck, aber wir sind solide und gut aufgestellt, und so schnell wird uns keiner vom Markt fegen können.«

Harmonie und Beziehungen

Positiv und vielleicht auch ein wenig idealistisch formuliert, ist ein weiterer Wert in der Unternehmenskultur der menschliche Umgang mit den Mitarbeitern. Diesem Unternehmenstyp ist es wichtig, die Angestellten mit ins Boot zu holen und sie emotional zu binden – aus verschiedenen Gründen: Zum einen sind dann die Mitarbeiter loyal und bereit, auch in Krisenzeiten zur

Unternehmens-DNA: verschiedene Typen

Firma zu stehen. Zum anderen betrachten sie das Unternehmen auch als etwas Eigenes und sind daher nicht nur auf einen größtmöglichen individuellen Profit, sondern auf das Wohl des Unternehmens insgesamt bedacht.

Die Kehrseite (für die Mitarbeiter) ist, dass es ihnen schwer gemacht wird, sich aus dem »Familienkonstrukt« Firma zu lösen. Da der Inhaber oft ein Leben lang im Unternehmen tätig ist und es als erweiterte Familie betrachtet, ist er in den meisten Fällen auch daran interessiert, dass das Klima untereinander stimmt bzw. dass man miteinander auch über die Arbeit hinaus in Kontakt ist und bestimmte Interessen teilt. Das ist auch gar nicht zu vermeiden, da das Prinzip »Einer für alle, alle für einen« gilt. Einmal im Familienkreis drin, wird man dort auch als Mitarbeiter in die Pflicht genommen.

Beate aus Ulm sagt: »Ich habe einige Jahre in einem großen internationalen Konzern gearbeitet. Mir war das Ganze auf Dauer zu unpersönlich, also habe ich einige Gehaltsabstriche in Kauf genommen und bin in ein inhabergeführtes Unternehmen gewechselt. Tja, was soll ich sagen, es gibt Themen, die sich zum Positiven gewendet haben, aber auch solche, die heute schwieriger sind als zuvor.

Mein Ziel und der Grund für den Wechsel war es ja, im Job wieder mehr als Mensch gesehen zu werden. Und ich muss sagen, das ist mir auf jeden Fall gelungen. Ich werde jeden Morgen vom Chef persönlich begrüßt, er interessiert sich durchaus auch mal für private Dinge und erzählt auch über sich selbst. Auf der menschlichen Ebene passt es halt einfach, nicht nur zwischen uns, sondern auch zwischen den anderen Kollegen. Mir ist dann auch schnell das ›Du‹ angeboten worden. Das Miteinander mag ich also sehr.

Es gibt aber auch Nachteile, die das System des kleinen, traditionellen Unternehmens mit sich bringt. Ich wollte z. B. vor einigen Wochen eine Gehaltserhöhung für mich ansprechen und habe gemerkt, dass mir das in dieser Firma viel schwerer fällt als zuvor im Konzern. Ich kenne das von mir gar nicht. Der Inhaber saß mir gegenüber, und auf einmal hatte ich das Gefühl, ich fordere etwas, was mir nicht zusteht. Ich bin doch ein Teil der Firma – daher kann ich nicht gegen die Interessen der Firma für mich ein höheres Gehalt beanspruchen. Dieser Gedanke hat mich schon nachdenklich gemacht.«

Ordnung und Beständigkeit

Ein dritter Wert ist, das Überleben der Firma zu sichern. Es handelt sich hierbei schließlich nicht nur um einen Firmenmantel in Form einer AG oder GmbH, sondern um das Familienerbe, das es zu sichern gilt. Es geht um die Absicherung der finanziellen Existenz, aber auch um das Aufrechterhalten der Marke, die man als Familie etabliert hat. Der Inhaber wird nicht einfach das sinkende Schiff verlassen und sich als Geschäftsführer in einem gut florierenden Unternehmen anstellen lassen, sondern als letzter Mann an Bord bleiben. So wie es sich gehört, wenn man das Wort Verantwortung für sein Handeln und Tun ernst nimmt. Anders entscheidet er sich wohl nur, wenn er explizit als Sanierer eingesetzt wurde und für das Krisenmanagement eine hohe Summe an Geld erhält. Denn schlechte Zahlen und Ergebnisse einer Firma machen ihn am Markt nicht begehrlicher. Man will Erfolgsmenschen!

Und aufgrund der Tatsache, dass der Inhaber die Mitarbeiter in jungen und auch älteren Tagen fast als Familienmitglieder betrachtet, trägt er in den meisten Fällen auch Sorge um deren Befinden. Muss er jemandem kündigen, der seit 20 Jahren bei ihm tätig ist, dann wird er sich über dessen weiteren Werdegang Gedanken machen. Schnelle Kündigungen und Entlassungen zur Steigerung des Profits und den Austausch junger Mitarbeiter gegen ältere gibt es in dieser Unternehmenskultur in der Regel nicht. Zwar wäre es bläuäugig, zu denken, dass hier alle Mitarbeiter bis zur Rente mitgetragen werden und es nie zu Spannungen, Ansätzen von Mobbing oder ausgesprochenen Kündigungen kommt. Doch in den meisten Firmen dieses Typs wird das kaum an der Tagesordnung sein.

»Was sich in den letzten Monaten in unserem Betrieb abgespielt hat, ist wirklich eine Erzählung wert. Ich habe meinen Chef, der gleichzeitig auch Inhaber unseres Unternehmens ist, noch einmal ganz anders wertschätzen gelernt. Zunächst sind uns zwei wichtige Kunden mit einem Umsatz von insgesamt einer Million Euro weggebrochen. In jedem anderen Unternehmen hätte man wahrscheinlich als Erstes geschaut, welche Kosten bei den Mitarbeitern einzusparen sind. So aber nicht unser Chef, der sich vor uns alle stellte und sagte, dass er jeden Einzelnen halten möchte und weiß, dass er so gute und loyale Mitstreiter kaum ein zweites Mal finden würde. Er will auf die Zukunft bauen und hofft, dass wir den Verlust schnell wieder auffangen können.

Später habe ich dann über Kollegen erfahren, dass er sich selbst einige Monate lang kein Gehalt gezahlt hat, nur um die Personalkosten für die Mitarbeiter zu decken. Natürlich kann man jetzt einwenden, dass das ja auch sein Unternehmen ist. Aber er hätte auch, wie viele angestellte Geschäftsführer, sofort die Notbremse ziehen und Mitarbeiter entlassen können«, sagt Hendrik aus Schwerin.

Strategie des Unternehmenstyps I

Wie sieht also in einem inhabergeführten Unternehmen die Strategie aus, Profit zu erwirtschaften?

- **Keine großen innovativen Neuerungen einbringen**
- **Die Ziele und Probleme der Firma zu denen der Mitarbeiter machen**

Keine großen innovativen Neuerungen einbringen

Um möglichst viel Gewinn zu erwirtschaften und der Unternehmenskultur treu zu bleiben – in diesem Fall geht es darum, Bestehendes zu erhalten und Sicherheit sowie Beständigkeit nach innen und außen zu zeigen –, ist die Strategie dieses Unternehmenstyps, im operativen Alltag, bei der Kundenakquise und der Erschließung neuer Geschäftsfelder auf Altes und Bewährtes zu setzen. In neue Technik, Prozesse, Abläufe und Strukturen wird nur dann investiert, wenn es gar nicht mehr anders möglich ist. Man baut darauf, dass das, was in der Vergangenheit Erfolg gebracht hat, auch in der Zukunft ausreichen wird, um sich am Markt zu halten. Mit Veränderungen jeglicher Art tut man sich schwer.

Man findet in diesen Firmen also oftmals veraltete Technik, umständliche Lösungen für Prozesse und weitere Flickenteppiche im übertragenen Sinne.

Die Ziele und Probleme der Firma zu denen der Mitarbeiter machen

Strategie des Unternehmens ist es auch, die Mitarbeiter zu binden. Aber keinesfalls, weil man es ihnen nett und gemütlich machen möchte oder uneigennützig daran interessiert ist, dass sie verstehen, was das Unternehmen eigentlich macht.

Es geht vielmehr um das Ziel, dass sich die Mitarbeiter mit der Firma und auftretenden Schwierigkeiten identifizieren. Und zwar in dem Ausmaß, dass sie persönlich jederzeit daran interessiert sind, an der Lösung möglicher Probleme der Firma zu arbeiten. Bestenfalls sollten sie gar nicht mehr zwischen Beruf und Privatleben unterscheiden und im Prinzip jederzeit ein Unternehmer im Unternehmen sein.

Positionen im Unternehmenstyp I

Als dritten Baustein der Unternehmens-DNA hatten wir die Position in der Firma definiert.

Es ist schwer bzw. sogar unmöglich, an dieser Stelle eine Aussage darüber zu treffen, welche Positionen diese Art von Unternehmen zu vergeben haben. Das hängt vor allem von der Tätigkeit ab, die Sie ausüben möchten. Ganz pauschal kann man sicher sagen, dass kleine und mittelständische Unternehmen, die inhabergeführt sind, schnell auf Marktanforderungen reagieren müssen, um dem Wettbewerb standzuhalten.

Daher wird hier vor allem der klassische Unternehmer im Unternehmen gesucht, der schnell und manchmal auch unbürokratisch Entscheidungen fällen kann und *hands-on* arbeitet.

Zu einem späteren Zeitpunkt werden wir noch einmal genau untersuchen, welche beruflichen Positionen zu den einzelnen

Rollen passen, unabhängig vom Unternehmenstyp. Denn ein Buchhalter bleibt ein Buchhalter und ein Vertriebsmitarbeiter ein Vertriebsmitarbeiter, unabhängig von der Unternehmenskultur.

Welche Werte in meiner Karriere-DNA passen besonders gut zur Unternehmens-DNA I?

Wenn wir überlegen, welche Werte besonders gut zu der DNA eines inhabergeführten Unternehmens passen, dann ergibt sich folgendes Bild:

Karriere-DNA	Unternehmens-DNA I
Familie und Lebensqualität	Emotionale Bindung der Mitarbeiter
Harmonie und Beziehungen	Bestehendes erhalten
Ordnung und Beständigkeit	Überleben sichern

Menschen, die in ihrer Karriere-DNA Werte wie Familie, Lebensqualität, Harmonie, Beziehungen, Ordnung und Beständigkeit in einer hohen Ausprägung wiederfinden, passen auf den ersten Blick sehr gut zu der Unternehmenskultur und -strategie eines inhabergeführten Unternehmens. Es geht sowohl der Unternehmens- als auch Mitarbeiterseite darum, Beziehungen zueinander aufzubauen, zu halten und Bestehendes abzusichern.

Wenn wir noch einmal die Kulturtypen nach Kellner betrachten, finden wir hier häufig eine Dorfkultur. Ist das Unternehmen gerade im Wachstum begriffen, kann es auch eine Dschungelkultur aufweisen oder – wenn es deutlich größer ist – eine Stadtkultur. Der Kulturtyp, der hier auszuschließen ist, ist die Wanderkultur. Es geht darum, Mitarbeiter zu halten und zu binden, und nicht, sich wieder schnell von ihnen zu trennen.

An welchen Merkmalen kann ich die Unternehmens-DNA I erkennen?

Die Beschäftigung mit der Unternehmens-DNA ist nur dann sinnvoll, wenn wir lernen, sie auch zu erkennen. Daher müssen wir wissen, an welchen äußeren Merkmalen sich Kulturen zeigen. Im Folgenden finden Sie eine erste Auswahl an Merkmalen, anhand derer Sie die DNA einer Firma festmachen können. Aber Vorsicht: *Ein* Kennzeichen allein reicht nie aus. Sie sollten immer verschiedene überprüfen und dann daraus ein Gesamtergebnis bilden.

- **Art der Mitarbeitersuche**
- **Erste Kontaktaufnahme**
- **Firmenmarke und Website**
- **Geschäftsadresse**
- **Gebäude**
- **Empfang**
- **Besprechungsräume und Ausstattung der Büros**
- **Catering und Kantine**
- **Kleidung der Mitarbeiter**
- **Art der Kommunikation**
- **Sonstige Regeln und Verhaltensweisen**

Diese einzelnen Eigenschaften sollten wir für die fünf verschiedenen Unternehmenstypen genau unter die Lupe nehmen. Gehen wir doch einmal davon aus, dass Sie sich in einer Firma neu bewerben, und spielen wir durch, was für Möglichkeiten Sie haben, Kulturen und Strategien zu erkennen – hier jetzt als Erstes bei der Unternehmens-DNA I, also einer inhabergeführten Firma.

Art der Mitarbeitersuche

Je nach Größe des Unternehmens kann die Mitarbeitersuche auf unterschiedlichen Wegen erfolgen. Häufig wird der Inhaber eines Unternehmens keinen teuren Headhunter einsetzen, da er um die Kosten weiß und der Meinung ist, dass man auch für weniger Geld einen geeigneten Kandidaten findet. Nur wenige inhabergeführte Unternehmen haben eine Personalabteilung, und daher werden die Anzeigen von den jeweiligen Fachabteilungen oder dem Inhaber selbst geschrieben. Die Folge ist, dass es diesen Stellenangeboten hin und wieder an Professionalität mangelt. Auf der einen Seite ist das sehr sympathisch, da Sie dort nicht nur Plattitüden wiederfinden, sondern einen Hinweis darauf, was wirklich gesucht wird. Auf der anderen Seite ist häufig auch das Auswahlverfahren weniger professionell, was aber keineswegs auch schlechtere Ergebnisse mit sich bringen muss. Es kann hier durchaus passieren, dass Sie kaum eine Frage beantwortet haben, der potenzielle Abteilungsleiter auch noch nicht sicher ist, ob Sie der richtige Kandidat sind, der Inhaber aber ein gutes Gefühl äußert und das ganze Verfahren mit dem Satz abkürzt: »Wir versuchen es einfach mal miteinander, nächsten Monat fangen Sie an.« Denn Hierarchien werden oftmals nicht eingehalten. Der Inhaber setzt sich über alles hinweg. Später vielleicht auch über die eigenen Entscheidungsbefugnisse, das sollte Ihnen klar sein!

Erste Kontaktaufnahme

Es kann durchaus vorkommen, dass der erste Kontakt über die Sekretärin des Inhabers läuft oder direkt über den Inhaber selbst. Sie müssen sich darüber bewusst werden, dass oben an der Spitze ein Alphatier der besonderen Gattung sitzt. Er herrscht, bisweilen patriarchisch, und hält sich nicht immer an so etwas wie ein Organigramm. Letztlich betrachtet er das Unternehmen als sein Eigentum, und daher hat er in seiner Denkweise auch das Recht, Strukturen so zu brechen, wie er möchte.

Firmenmarke und Website

Einige Unternehmen dieses Typs besitzen immer noch keine Website, andere haben eine, deren Gestaltung aber wenig überzeugend ist. Die größeren, gewachsenen, traditionellen Firmen besitzen natürlich auch eine eigene Homepage und einen Gesamtauftritt auf einem professionellen Niveau.

Wenn also eine Website vorhanden ist, können Sie überprüfen, wie viel über die Firmengeschichte und den Gründer erzählt wird. Wie viel Platz beansprucht die Historie und wie präsent ist sie? Ist noch ein Geschäftsführer im Amt, der den Namen der Firma trägt, oder ist längst ein externer Manager angestellt worden? Wer sonst ist Gesellschafter des Unternehmens? Je mehr externe Beteiligung in der Struktur vorhanden ist, desto weniger Kultur und Strategie können noch vom Inhaber vorgegeben werden. Wie viele Generationen sind dort tätig? Vater und Sohn oder Tochter? Vorsicht, hier können sich Arbeitsleben und Familienkonflikte miteinander vermischen.

Wie ist die ganze Corporate Identity gestaltet, welche Farben und Schrifttypen werden verwendet und macht das Ganze einen modernen oder eher überholten Eindruck? All diese Fragen geben Ihnen Aufschluss über den Charakter des Unternehmens.

Geschäftsadresse

Die Produktion und Verwaltung von inhabergeführten Unternehmen sitzen oft in Gewerbegebieten oder Stadtteilen, in denen die Miete noch bezahlbar ist. Da der Inhaber selbst das Unternehmen führt und dabei sehr kostenbewusst vorgeht, achtet er weniger auf Glamour und Glanz als vielmehr auf eine angemessene Preis-/Leistungsgestaltung. Anders sieht das natürlich bei den Verkaufsbüros aus, die in entsprechender Lage auch die Kunden ansprechen sollen.

Lassen Sie sich also nicht von auf den ersten Blick unattraktiven Adressen in Gewerbegebieten abschrecken. Dahinter kann sich ein starkes Unternehmen verbergen.

Gebäude

Je nach Branche, Produkt und Dienstleistung kann das Unternehmensgebäude unterschiedlich aussehen. Generell sitzen diese Firmen aber gerne in soliden Bauten. Das Glashochhaus mit 20 Etagen ist weniger Ausdruck ihrer Kultur, eher schon die Jugendstilvilla oder das massive Backsteingebäude.

In Hamburg teilen sich aufgrund der Entstehung der Hafencity gerade die Meinungen. Die tradierten und werteorientierten Unternehmen bleiben mit ihrem Bürositz in den meisten Fällen an der Hamburger Alster, die moderner wirkenden und schneller wachsenden Unternehmen ziehen in die Glastürme der Hafencity. Diese neu entstehenden Medienzentren wie z. B. auch im Düsseldorfer Hafen passen nicht unbedingt zum Stil traditioneller Unternehmen.

Empfang

Wenn Sie das Gebäude betreten, werden Sie am Empfang oft schon Bilder oder Fotos aus der Familiengeschichte finden. Vielleicht auch ein passendes Mobiliar, wie alte hochwertige Ledersessel etc. Möbel von IKEA oder innovativen Designern sind dort genauso selten wie solche aus »kontrolliert-biologischem Anbau«. Der Wert der Beständigkeit und der Unternehmenstreue spiegelt sich auch in den Möbeln und Bildern bzw. Gemälden wider, die von früheren Zeiten erzählen. Die Mitarbeiter am Empfang gehören zum erweiterten Familienkreis des Inhabers und verstehen sich als Teil des Unternehmens. Insofern werden die Menschen Sie herzlich willkommen heißen.

Besprechungsräume und Ausstattung der Büros

Auch in den einzelnen Büros und Besprechungszimmern verhält es sich mit dem Mobiliar ähnlich. Die Art und Weise, wie diese Räume ausgestaltet sind, ist für Sie ein weiterer wichtiger Anhaltspunkt, um herauszufinden, wofür die Firma steht. Das Empfangszimmer bzw. der Besprechungsraum ist das Vorzeigezimmer für Gäste und auch zukünftige Mitarbeiter. Die Einrichtung zeigt Ihnen, wie wichtig es dem Unternehmen ist, Sie willkommen zu heißen. Es ist oftmals sehr einladend, aber nicht allzu modern eingerichtet. In ganz kleinen Unternehmen mutet es vielleicht wie ein zweites Wohnzimmer an. Eine inhabergeführte Privatbank in Frankfurt empfängt die Gäste in wunderbar eingerichteten kleinen Räumen, die es einem leicht machen, sich sehr willkommen zu fühlen. Hier mangelt es an nichts, Farben und Formen sind perfekt aufeinander abgestimmt und sorgfältig ausgewählt.

Es gibt aber auch inhabergeführte Unternehmen, in denen sich in den Besprechungsräumen die Gewehr- oder Pfeifensammlung befindet. Da stellt sich dann die Frage, wie privat das Ganze sein darf, damit man sich als Gast noch wohlfühlt.

Catering und Kantine

Bei diesem Unternehmenstyp werden Kaffee oder Tee noch in einem Silber- oder Porzellankännchen serviert. Hierzu gibt es keine Vollmilch, sondern die gute alte Bärenmarke. Die Kekse sind vom Delikatessbäcker um die Ecke. Stil und Etikette sind hier noch von Bedeutung.

Eine Kantine ist meistens nicht vorhanden, aus einem einfachen Grund: Das Unternehmen ist zu klein. Sollte es doch eine geben, dürfen Sie mit einer gutbürgerlichen Küche rechnen. Vegetarische Kost und Salatbar sind hier nicht unbedingt angesagt.

Kleidung der Mitarbeiter

Tradition und Werteorientierung zeigen sich oft auch in der Art der Kleidung, wobei das ebenso vielfach von der Branche abhängig ist. Bei einem inhabergeführten Versicherungsunternehmen gibt es verständlicherweise Blazer- und Sakkopflicht, zumindest für die Kundenberater. Die Farben befinden sich eher im gedeckten Bereich. Ein Großhandel oder eine Produktionsstelle wird mit Blaumännern aufwarten. Die Kleiderordnung variiert also je nach Branche, insgesamt schreibt sie allerdings ein etwas dezenteres und zurückhaltenderes Auftreten vor.

Art der Kommunikation

Die Art der Kommunikation unter den Mitarbeitern, und da werden Sie sich in so einer Firma eingliedern müssen, ist vertraut und persönlich. Viele werden sich duzen und mit Vornamen ansprechen. Man kennt sich nicht nur aus der Zeichnung des Organigramms, sondern auch durch private Gespräche und

Treffen. Feste werden gemeinsam gefeiert, und auch abends teilt man die Zeit bei dem einen oder anderen Hobby. Arbeit und Privatleben vermischen sich. Durch die emotionale Nähe bekommen Sie vielleicht schon in den ersten Gesprächen mit den Kollegen mit, wer wie zueinander steht und was vom Chef gehalten wird. Wenn Sie dazugehören wollen, sollten Sie sich nicht distanzieren.

Sonstige Regeln und Verhaltensweisen

Welche weiteren Besonderheiten sollten Sie als Mitarbeiter in dieser Art von Unternehmen beachten? Vielleicht haben die Kollegen spezielle Hobbys oder sind in bestimmten Netzwerken tätig? Oder man spielt mit dem Inhaber und dem inneren Zirkel regelmäßig Golf und Schach? Verabredet sich zur Oper und nimmt auch andere gesellschaftliche Verpflichtungen gemeinsam wahr? Das kann so sein – muss aber nicht.

Unternehmens-DNA Typ II
(das jung-dynamische Unternehmen)

Alex, 38 Jahre alt, sagt: »Ich arbeite seit acht Jahren in einer Berliner Werbeagentur. Nach meinem Studium als Kommunikationswirt bin ich hier gleich eingestiegen. Der Laden gefällt mir immer noch so gut wie am Anfang! Klar müssen wir viel arbeiten, aber das Management ist sich nicht zu fein, mit uns abends hin und wieder Fußball zu spielen oder ein Essen für Überstunden springen zu lassen. Ich fühle mich einfach frei, und die Arbeit ist eher Spaß als lästige Pflicht. Es gibt hier eine Open-door-Policy, und man kann jederzeit mit neuen Ideen zum Vorstand gehen.

Freitags ist immer ab 16.00 Uhr Sundowner. Dann treffen wir uns alle auf der Terrasse oder im Winter woanders und trinken etwas. Die coolste Zeit meines Lebens, die ich nicht missen möchte. Ich weiß aber, dass das auf Dauer wohl so nicht weitergeht. Mittlerweile bin ich schon der älteste Mitarbeiter im Team. Mal schauen, was kommt!«

Kultur des Unternehmenstyps II

Kommen wir zu der Kultur der jung-dynamischen Unternehmen, wo Pizza für alle und Fußballkicker häufig zum Standardprogramm gehören. Was zeichnet die Kultur aus?

- **Idealismus**
- **Neugier**
- **Unabhängigkeit**

Idealismus

Mit Idealismus ist an dieser Stelle weniger der politische Gedanke des Weltverbesserns gemeint, sondern vielmehr der Wunsch, am Aufbau eines Unternehmens mitzuwirken und den Job mit Enthusiasmus und Hingabe anzugehen. Jung-dynamische Unternehmen haben eine sehr idealistische Einstellung. Sie wollen sich am Markt neu etablieren und hoffen, mit ihren Leistungen und Produkten Kunden zu gewinnen. Sie gehen offen, positiv und mit viel Energie an dieses Projekt heran. Auch wenn die Führungskräfte dieser Firmen die Regeln der Märkte kennen und wissen, dass ab einem gewissen Zeitpunkt und einer bestimmten Größe auch sie ihre Unternehmenskultur verändern müssen, leben sie in der Zeit, in der es möglich ist, diesen Idealismus vor. Und der ist zu diesem Zeitpunkt nicht naiv, sondern berechtigt und auch ernst gemeint. Natürlich ist dabei das Ziel des Managements, sich möglichst viel Geld in die eigenen Kassen zu spülen. Das schmälert aber keinesfalls die eigene Motivation oder die der Mitarbeiter.

Hierzu sagt Franziska aus Münster: »Ich war viele Jahre in einem jungen, hippen Unternehmen beschäftigt. Ich bin damals ein Jahr nach der Firmengründung eingestiegen und kann mich noch genau an den Tag meines Vorstellungsgespräches erinnern. Als ich dort hereinkam und mir einige Mitarbeiter begegneten, dachte ich, die wären auf Drogen. Die sind alle mit einem unglaublichen Tempo über die Flure – ja – fast gerast und wirkten unglaublich motiviert und dynamisch. So sehr, dass mir das am Anfang etwas Angst gemacht hat.

Damals ist mir aber noch gar nicht aufgefallen, dass alle Mitarbeiter, die ich gesehen habe, Mitte bis Ende 20 waren – ältere gab es nicht. Alle waren auf einer Linie und mit großer Begeisterung bei der Sache. Man war sich sicher, am Markt zu bestehen. Auch dem damaligen Vorstand habe ich im Gespräch abgenommen, dass er Spaß daran hatte, die Firma groß zu machen. Er selbst war zwar nicht der Inhaber, sondern angestellter Geschäftsführer. Aber er hat trotzdem seine ganze Leidenschaft investiert.«

Neugier

Die Unternehmenskultur von jungen und dynamischen Firmen kann außerdem mit Neugier beschrieben werden. Die brauchen diese Firmen, um ihre Produkte oder Dienstleistungen zu platzieren, neue Kunden zu werben, sich von anderen Wettbewerbern abzuheben und Marktanteile zu erobern. Das geht nicht mit einer Nine-to-five-Mentalität. Das Management selbst guckt über den Tellerrand hinaus und animiert die Mitarbeiter, das auch selbst zu praktizieren.

Helge aus Dresden sagt: »Das, was mir an meiner Firma immer schon am besten gefallen hat, ist die Tatsache, dass kein Tag wie der andere verläuft. Bei uns gibt es schon Strukturen, aber die werden nicht um ihrer selbst willen aufrechterhalten. Ich habe schon einige Male den Bereich gewechselt und durfte mich in neuen Abteilungen ausprobieren – wo sonst kann man das?

Normalerweise darf man nur in seinem Gebiet experimentieren und muss die Klappe halten, wenn es um andere Dinge geht. In unseren abteilungsübergreifenden Meetings ist jedoch jede Meinung zu jedem Thema gefragt. Wir denken quer, und das macht unsere Stärke aus. Vielleicht kann man das nur bis zu einer gewissen Unternehmensgröße, das kann schon sein. Aber so viel, wie ich hier lerne – ich glaube, das gibt es kein zweites Mal.«

Unabhängigkeit

Unabhängigkeit ist natürlich immer nur bis zu einem gewissen Grad möglich. Jedes System und somit auch jede Firma ist in bestimmter Hinsicht abhängig. Aber gerade jung-dynamische Unternehmen brauchen Freiraum, um gewisse Dinge gestalten zu können und ihre Neugier umzusetzen. Interne Strukturen müssen beweglich sein. Mitarbeiter sollten flexibel eingesetzt und Prozesse dürfen nicht starr vorgegeben werden, sondern müssen individuell den Vorgaben und Marktgegebenheiten angepasst werden. Das Unternehmen ist nicht von einem alleinigen Inhaber abhängig, der dem Management Fesseln anlegt, sondern darf, in Grenzen, frei handeln.

»In meiner ersten Firma ging es mir immer tierisch auf die Nerven, dass man oft gar nicht wusste, woran man war. Dabei war ich schon immer ein totaler Kontrollfreak. Vor meiner Einstellung hatte ich mir keine Gedanken darüber gemacht, ob die Unternehmenskultur zu mir passt. Ich hatte mich für ein noch sehr junges Unternehmen entschieden. Die Leute dort schienen nett und etwas unkonventionell.

Leider fühlte ich mich dort vom ersten Tag an fehl am Platz. Strukturen und Ordnung gab es so gut wie keine und alles ging wie Kraut und Rüben durcheinander. Das lag mir überhaupt nicht. Ich bin dann schon nach einem Jahr in ein gewachsenes, klar strukturiertes und sehr etabliertes Unternehmen gewechselt. Das war eigentlich genau mein Ding, bis auf eine Ausnahme. Unabhängigkeit und ein wenig Chaos, was es in der alten Firma zur Genüge gab, fehlten mir hier plötzlich.

Manchmal ist das wirklich komisch, wie schnell man neue Dinge in sich entdeckt, die man nie zu ahnen gewagt hat. Na ja, nun werde ich aber nicht noch einmal wechseln. Unterm Strich bietet mir mein neues Unternehmen auch viele andere attraktive Vorteile – das passt schon zu mir«, so weit Thilo aus Aachen.

Strategie des Unternehmenstyps II

Auch dieser Unternehmenstyp verfolgt vor allem ein Ziel: Gewinn zu erwirtschaften. Der Weg dorthin, also die Strategien, unterscheiden sich aber vom Unternehmenstyp I. Sie lauten hier:

- **Jeder Mitarbeiter kann sich im Unternehmen selbst verwirklichen**
- **Nicht die Arbeit steht im Mittelpunkt, sondern das Erlernen neuer Fähigkeiten**

Jeder Mitarbeiter kann sich im Unternehmen selbst verwirklichen

Der Profitgedanke des Unternehmens wird nicht kommuniziert und klar herausgestellt. Vielmehr ist die Strategie, den Mitarbeitern zu demonstrieren, dass die eigene Selbstverwirklichung in der Firma möglich und sogar gewünscht ist. Sie können jederzeit neue Ideen einbringen und sich so als Innovatoren und Gründer fühlen.

Was nicht angesprochen wird, ist die Tatsache, dass sich zwar jeder Mitarbeiter scheinbar selbst verwirklichen kann, dafür jedoch (fast) nichts bekommt. Der Einzige, der sich die Taschen füllt, ist der Vorstand, und das meistens nicht zu knapp.

Nicht die Arbeit steht im Mittelpunkt, sondern das Erlernen neuer Fähigkeiten

Eine weitere Strategie, die sich gut mit der Kultur des Unternehmens verbinden lässt, ist die Aussage, dass gar nicht das schnöde Arbeiten im Mittelpunkt steht, sondern vielmehr das Erlernen neuer Fähigkeiten. Man hört Sätze wie: »Wo sonst, Frau Meier, haben Sie die großartige Möglichkeit, sich neuen Themen und Bereichen zu widmen? Sich ausprobieren zu dürfen?« In der Tat hat man bei diesem Unternehmenstyp oftmals die Möglichkeit, Aufgaben und auch Positionen zu übernehmen, in die man woanders erst einmal hineinwachsen müsste.

Man wird schnell ins kalte Wasser geworfen und lernt, mit Herausforderungen umzugehen. Insofern stellt das durchaus für den Mitarbeiter, der schnell lernen möchte, einen großen Vorteil dar. Jedoch muss man darauf achten, zum richtigen Zeitpunkt den Absprung zu schaffen. Ansonsten arbeitet man jahrelang für zu wenig Geld, immer mit der Begründung des Arbeitgebers, man könne doch viel mehr lernen als anderswo.

Positionen im Unternehmenstyp II

Auch hier hängen die Rollen und Positionen, die zu vergeben sind, nicht allein von der Unternehmenskultur ab, sondern von der Tätigkeit, für die Sie sich bewerben.

Eines sei aber auch an dieser Stelle gesagt: Da es um Aufbauarbeit geht und anfänglich alle von allem ein bisschen machen müssen, ist auch hier der Unternehmer im Unternehmen, der mit anpacken kann, sicherlich besonders begehrt. Auch der Innovationsgeber bekommt Raum für kreative Ideen, und ebenso erwünscht ist der Revolutionär, zumindest in der Anfangsphase. Denn auf sich als Unternehmen aufmerksam zu machen heißt manchmal auch, laut und schrill zu sein.

Welche Werte in meiner Karriere-DNA passen besonders gut zur Unternehmens-DNA II?

Das Bild sieht wie folgt aus:

Karriere-DNA	Unternehmens-DNA II
Idealismus	Jeder kann sich verwirklichen
Neugier	Ausprobieren steht im Mittelpunkt
Unabhängigkeit	Wir gestalten Neues

An welchen Merkmalen kann ich die Unternehmens-DNA II erkennen?

Gehen wir auch hier die einzelnen Kriterien gemeinsam durch.

Art der Mitarbeitersuche

Diese Unternehmen suchen Mitarbeiter in erster Linie übers Internet. Alles muss schnell und effizient gehen und mit geringen Kosten verbunden sein. Das schließt aber nicht aus, dass auch hin und wieder eine Anzeige in einer Zeitung geschaltet oder ein Headhunter eingesetzt wird.

Erste Kontaktaufnahme

Hier gilt Ähnliches wie beim inhabergeführten Unternehmen. Die Frage ist, wie professionell die Firma im Bereich Personalsuche aufgestellt ist und wie erfahren die Mitarbeiter sind, die sich dieses Themas annehmen. Von gar keine Ahnung und absolut konfus laufend bis hin zur professionellen Abwicklung ist dort alles zu finden. Da Sie als Mitarbeiter in jung-dynamischen Unternehmen so etwas wie Feierabend kaum kennen, müssen Sie auch spätabends, vielleicht sogar an einem Samstag, mit E-Mails, SMS oder Anrufen rechnen. Die Sprache ist salopp und unkompliziert, vielleicht werden Sie auch gleich geduzt.

Firmenmarke und Website

Auch hier können Sie mithilfe der Analyse von Firmenmarke, Website, Grafik und Schrifttypen wieder einiges über die Kultur des Unternehmens herausfinden.

Welchen Auftritt hat das Unternehmen, wie ist er farblich gestaltet? Welche Werte beschreibt die Unternehmensphilosophie? Gibt es Fotos von den Mitarbeitern auf der Website und wenn ja, wie ist das Durchschnittsalter? Wie lautet der Text und wie viele »Modewörter« werden verwendet? Finden Sie Beiträge zum Unternehmen bei YouTube, Twitter oder Facebook? Gibt es einen eigenen Blog?

Junge, dynamische Unternehmen nutzen meist alle Kommunikationsmittel, die ihnen zur Verfügung stehen. Das Thema Datenschutz spielt zwar eine Rolle, wird aber hin und wieder auch auf die leichte Schulter genommen.

Geschäftsadresse

Wir haben festgestellt, dass die Unternehmens-DNA sich auch in der Firmenadresse ausdrückt. Handelt es sich um eine weniger bekannte Gegend, trägt das Unternehmen der Tatsache Rechnung, dass es sich im Aufbau befindet und jegliche Investitionen nicht in die Miete, sondern in andere Bereiche steckt. Einige jung-dynamische Firmen starten auch mit einer »großen« Adresse und mieten z.B. eine Etage oder Räume in einem Großstadttower an, dort, wo auch die anderen innovativen Unternehmen mit Geld sitzen. Das kann gut gehen oder auch darauf hindeuten, dass mehr Schein als Sein regiert.

Als wir für die freenet.de AG, die ich mit gegründet habe, Geschäftsräume in Hamburg suchten, fanden wir bezahlbare Räume im Deelbögenkamp 4c. Der Notar, der die Urkunden zur Firmengründung ausfertigte, fiel damals aus allen Wolken. Der Zusatz »c« war für ihn nicht akzeptabel. Er meinte, damit sei für jeden nach außen sichtbar, dass es sich um eine sehr kleine Firma handele, die nicht ernst zu nehmen sei. Bei wichtigen Unternehmen würde man kaum a-, b- oder c-Hausnummern in der Adresse finden.

Aber die Adresse hat unserem Wachstum nicht geschadet, wie man heute sehen kann. Und da der Vorstand ein Schwabe war und das Geld zusammenhielt, war an einen Glastower anfangs sowieso nicht zu denken. Eine unattraktive Adresse und ein ebenso wenig ansehnliches Gebäude sind bei einem coolen, jungen Unternehmen also kein Hinderungsgrund für Erfolg.

Gebäude

Die Kultur eines jung-dynamischen Unternehmens wird eher durch eine transparente Bürogestaltung verkörpert als durch ein Backsteingebäude. Es sei denn, es will sich sehr werteorientiert aufstellen.

Um den Teamgedanken zu verstärken, werden häufig Großraumbüros eingerichtet. Die Arbeitsplätze sind offen und innovativ gestaltet, sofern es der Geldbeutel zulässt. Klassische Hierarchien, die sich an der Aufteilung der Büros und auch der Anordnung festmachen, gibt es noch nicht. Doch aufgepasst, auch wenn von außen gesehen scheinbar auf jegliche Hierarchie verzichtet wird, herrschen doch unausgesprochene Regeln und Normen, die später noch genauer in Augenschein genommen werden.

Auch durch Fußballkicker und Dartscheibe sollten Sie sich nicht zu sehr in den Bann ziehen lassen. Denn das bedeutet nicht, dass Sie ab sofort Job gegen Freizeit tauschen können, sondern soll Sie ermutigen, auch abends einmal länger im Unternehmen zu bleiben. Besser, Sie fragen noch einmal ganz genau nach den Arbeitszeiten!

Empfang

Einen klassischen Empfang gibt es in den meisten Fällen nicht. Jung-dynamische Firmen haben kein Geld dafür, auch noch zusätzlich eine Empfangsdame zu bezahlen. Nachdem Sie zum ersten Mal das Gebäude betreten haben, sollte es Sie nicht wundern, wenn Sie erst einmal hin und her geschickt werden. Oftmals weiß keiner so genau, wer Sie wo erwartet.

Klare, feste Strukturen und Regeln gibt es ebenfalls (noch) nicht. Sollte Sie das an dieser Stelle schon stören, dann gilt es, zu überlegen, ob Sie beim richtigen Unternehmen angekommen sind. Denn die fehlende Struktur wird Ihnen im Arbeitsalltag mehr als einmal begegnen.

Besprechungsräume und Ausstattung der Büros

Sie sollten auch nicht überrascht sein, wenn es noch keinen offiziellen Besprechungsraum gibt. Und wenn einer vorhanden ist, kann es durchaus vorkommen, dass nach dem Meeting, das am Abend zuvor bis spät in die Nacht stattgefunden hat, noch nicht aufgeräumt wurde. Das ist keine böse Absicht oder der Wink an Sie, dass Sie nicht der richtige Kandidat sind, sondern eher der Tatsache geschuldet, dass sich die Firma im Aufbau befindet und Aufräumarbeiten aufgrund mangelnder Strukturen und Verantwortlichkeiten hintanstehen. Also warten Sie kurz, bis Ihr Gesprächspartner die leeren Cola- und Bierflaschen entsorgt und die Pizzareste vom Tisch »gekratzt« hat.

Ansonsten sind die Räume eher funktionell eingerichtet, vielleicht finden Sie dort das eine oder andere Möbelteil von IKEA wieder. Viel Geld wurde wahrscheinlich nicht in die Ausstattung investiert.

Catering und Kantine

Eine eigene Kantine ist in der Regel nicht vorhanden, dafür vielleicht ein Stehtisch und ein Jura-Kaffeeautomat. Da die Mitarbeiter keine Zeit beim Mittagessen verlieren sollen und diese Pause auch oftmals gar nicht einzuhalten ist, gibt es vielmehr die Möglichkeit, Snacks, Salate und Sandwiches zu erwerben. Entweder eigens von der Firma organisiert oder in kleinen Shops um die Ecke erhältlich.

Kleidung der Mitarbeiter

Diese Unternehmenskultur an der Kleidung der Mitarbeiter festzumachen ist nicht möglich. Generell ist in vielen Firmen die Kleiderordnung nicht allzu streng, und auch die Jeans im Büro kommt infrage. Je nach Branche und Kundenkontakt können aber auch Blazer und Sakko Pflicht sein.

Art der Kommunikation

Die Kommunikation untereinander ist meistens direkt, vertraut und kumpelhaft. Das »Sie« ist hier eher die Ausnahme. Die Sprache ist dem Alter der Mitarbeiter angepasst. Und da viele in den Zwanzigern sind, werden sich die entsprechenden Slangs und Ausdrücke ihrer Generation im Sprachgebrauch wiederfinden.

Sonstige Regeln und Verhaltensweisen

Die Lockerheit der Unternehmenskultur scheint auf den ersten Blick den Eindruck zu erwecken, als wenn keine Regeln und Unternehmensnormen existieren würden. Aber weit gefehlt! Auch hier gibt es klare Dos and Don'ts. Seien Sie also wachsam und geben Sie sich nicht der Idee hin, hier stehen mal nicht Geld und Macht im Mittelpunkt.

Unternehmens-DNA Typ III
(das machtorientierte Lifestyle-Unternehmen)

Florian, 32 Jahre, meint: »Ich bin für ein international agieren-des Unternehmen tätig, das einen dieser Glastower in Frankfurt bewohnt. Insgesamt sind wir in Deutschland ca. 2000 Mitarbeiter, weltweit über 10.000. Ich habe mich damals für einen internationalen Konzern entschieden, da ich gerne die Möglichkeit haben wollte, auch mal ins Ausland zu wechseln. Bei gewachsenen Unternehmen kenne ich zwei Arten von Kulturen: zum einen sogenannte machtorientierte Unternehmen und zum anderen eher bürgerliche und traditionelle Konzerne. Manchmal entwickeln sich letztere auch zum ersten Typ. Das hängt immer ganz davon ab, ob man das Image wechseln möchte, um andere Geschäfte machen zu können.

Wenn ich überlege, welche Werte bei uns fokussiert werden, würde ich sagen, dass es in dieser Hinsicht eine innere und eine äußere Darstellungsweise gibt. Nach außen präsentiert sich das Unternehmen als kommunikativ und weltoffen, nachhaltig in seinen Investitionen und dynamisch. Und wir stehen für eine bestimmte Struktur und Ordnung, auch wenn der eine oder andere manchmal versucht, sie zu umgehen.

Wenn ich die Werte schildern soll, die wir nach innen leben, also untereinander, dann sieht das Ganze schon etwas anders aus. Sicher sind Ansätze von den oben genannten Werten auch intern bemerkbar. Aber ich finde, dass es bei uns sehr viel um das Thema Macht und Einfluss geht. Die Mitarbeiter sind alle am Stechen und Hauen, jeder versucht, ein Stück mehr zu bekommen und seinen Einflussbereich zu erweitern. Das unterscheidet uns aus meiner Sicht auch ganz klar von großen, gewachsenen Unternehmen, die noch eher traditionell tätig sind. Wir sind auch groß und gewachsen, aber sehr hungrig. Und das erlebe ich jeden Tag.«

Kultur des Unternehmenstyps III

Welche Kultur lebt ein machtorientiertes Lifestyle-Unternehmen? Vor allem:

- **Macht**
- **Ordnung**
- **Status und Prestige**

Macht

Gewachsenen Lifestyle-Unternehmen geht es darum, das eigene Geschäft möglichst schnell auszubauen, um noch mehr Macht zu gewinnen. Da die Firma von einem Interimsmanager – von einem Geschäftsführer oder Vorstand auf Zeit – geführt wird, der sich durch erwirtschaftete Rendite das Gehalt aufbessern möchte, geht es in erster Linie um schnelles Wachstum. Die Betonung liegt hier auf dem Wort »schnell«, was das Gegenteil von nachhaltig bedeutet.

Vorstände von machtorientierten Lifestyle-Unternehmen bleiben vielleicht drei bis fünf Jahre im Amt und wechseln dann an die Spitze eines anderen Unternehmens. Bei vielen anderen Führungskräften verhält es sich ähnlich. Durch die Größe des Unternehmens und die damit einhergehende Intransparenz der Entscheidungen und Prozesse weiß jeder Mitarbeiter, wie schnell er »draußen« sein kann. Er bekommt jeden Tag mit, dass es weniger um die Sache und die Firma an sich geht, sondern vielmehr um die Vergrößerung des eigenen Einflussbereichs, mit dem Ziel, mehr Macht auszuüben als andere und dafür auch ein entsprechendes Gehalt zu bekommen.

Dazu sagt Simone aus Hamburg: »Ich arbeite in der Hafencity in Hamburg. Unser Unternehmen gibt es seit 20 Jahren, man kann also mit Recht sagen, dass wir ein gewachsenes System sind. Durch Internationalisierung und einen eventuell anstehenden Börsengang verändert sich bei uns gerade vieles.

Vor einem Jahr sind wir nun in unser neues Firmengebäude umgezogen, ein bisschen ›Palazzo Protzo‹, wenn Sie mich fragen, aber es ist ganz schick. Unser Logo und unser Auftritt insgesamt sind erneuert worden. Parallel dazu haben wir einen neuen Vorstand bekommen, auch sehr jung. Der geht mit einer ganz anderen Aggressivität an seine Tätigkeiten heran, das bekommen wir alle jeden Tag zu spüren. Hier kann sich keiner mehr auf seinen Lorbeeren ausruhen, jeder muss sich selbst ständig neu erfinden. Das führt dazu, dass sich unsere Kultur intern stark verändert hat. Wir alle wollen überleben und – durch den äußeren Wandel angestoßen – beim großen Geldverdienen dabei sein. Das ist ja auch verständlich.

Ich merke aber, dass dabei Leistung und Inhalte immer mehr in den Hintergrund rücken. Bei uns geht es mittlerweile fast nur noch darum, die eigene Macht im Unternehmen zu vergrößern, Netzwerke und Koalitionen zu schmieden. Um Macht geht es natürlich in jedem Unternehmen, so viel weiß ich auch, aber dass es bei uns fast nur noch darum geht, erschreckt mich schon sehr.«

Ordnung

Anders als bei den Unternehmenskulturen von Typ I und II steht auf der Werteskala eines machtorientierten Lifestyle-Unternehmens eine geordnete Struktur ganz weit oben. Nicht um der Ordnung willen, sondern vielmehr, weil ohne klare Strukturen und definierte Prozessabläufe das Geschäft in der Größe nicht mehr abzubilden ist.

»Das mit der Ordnung würde ich absolut bejahen! Ich arbeite in so einem machtorientierten Unternehmen, in dem es tatsächlich für alles ein Formular oder vorgegebenen Prozessablauf gibt. Wer das mag und für sich selbst braucht, ist hier richtig aufgehoben. Natürlich werden in der Praxis dann die einen oder anderen Dinge doch wieder umgangen. Aber grundsätzlich ist es ein gelebter Wert«, meint Björn aus Düsseldorf.

Status und Prestige

Parallel zur Macht gewinnen auch Status und Prestige an Bedeutung. Macht drückt sich durch verschiedene Statussymbole aus. Entscheidend ist es, in den richtigen Netzwerken zu sein und in die richtigen E-Mail-Verteiler aufgenommen zu werden. Man sollte auch wissen, wer im Unternehmen zu den Gewinnern und den Verlierern gehört und wer *Best Friend* des Vorstandes ist.

Das gut platzierte Büro mit entsprechender Größe und Ausstattung und auch Firmenwagen und Notebook in der passenden Preisklasse runden den eigenen Auftritt ab.

Dazu Sandra aus Hameln: »Ich arbeite seit einem Jahr als Abteilungsleiterin in so einer Art von Unternehmen. Am Anfang hatte ich große Probleme, meine Arbeit zu machen, weil ich die entsprechenden Informationen nicht bekam. Das war mir völlig fremd. Ich war zuvor in einer kleinen Firma, in der für politische Spiele wenig Zeit war. Im neuen Unternehmen wurde mir dann erst nach und nach klar, dass ich nicht die richtigen Statussymbole nach außen zeigte. Der erste Fehler war, dass ich auf ein eigenes Büro verzichtet hatte, um in einem Raum mit meinen Mitarbeitern zu sitzen. Außerdem bin ich oft nicht zu strategisch wichtigen Meetings gegangen, weil wir so viel zu tun hatten. Und dadurch kannten mich auch viele Kollegen noch nicht. Tja, und dann war wohl auch der Firmenwagen falsch gewählt. Ich hatte mich für einen Golf entschieden, obwohl mir der 5er-BMW zustand. Ich kann bis heute nicht verstehen, welche Bedeutung Automarken für das eigene Prestige haben. Aber nun gut, ich werde jetzt das Spiel mitmachen und einen anderen Wagen bestellen.«

Strategie des Unternehmenstyps III

Welche Strategie wendet Unternehmenstyp III an, um zu seinem Ziel zu gelangen? Zwei Punkte sind hier häufig zu beobachten:

- **Das Schüren von Eitelkeit der macht- und status-bewussten Mitarbeiter**
- **Feindbilder am Markt (er)schaffen**

Das Schüren von Eitelkeit der macht- und statusbewussten Mitarbeiter

Das machtorientierte Lifestyle-Unternehmen nutzt die Eitelkeit und die Machtfokussierung der Mitarbeiter, um einen möglichst großen Profit zu erwirtschaften. Man packt sie dort, wo sie ansprechbar und zugleich sehr verwundbar sind.

Das oberste Management verspricht den Mitarbeitern Anerkennung, Macht und neue Statussymbole, wenn sie mitziehen und das Unternehmen erfolgreicher machen. Vielleicht sogar die nächste Beförderung und einen wohlklingenden Titel auf der Visitenkarte. Manchmal blind vor Ehrgeiz, genau das alles haben zu wollen, lassen sich die Mitarbeiter einfangen und für Projekte und Überstunden begeistern, bei denen bei neutraler Betrachtung jedem klar sein müsste, dass dabei nur einer gewinnt: der Vorgesetzte.

Daher ist es auch wenig überraschend, dass diese Strategie bei Mitarbeitern, denen Werte wie Macht und Status wenig bedeuten, nicht greift und sie von den Lockangeboten völlig unbeirrt bleiben. Da sie das Spiel nicht mitspielen und sich nicht von den Angeboten locken lassen, erbringen sie zwar eine solide Leistung, verausgaben sich aber auch nicht für den Job. Von den Leistungsträgern in diesen Firmen werden sie oftmals als Minderleister abgestempelt.

Mitarbeiter, die auf Macht aus sind, haben zumeist einen großen Kampfeswillen. Gibt man ihnen ein Feindbild vor, das einigermaßen nachzuvollziehen ist, dann stürmen sie gern darauf los. Auch das ist eine Strategie des Unternehmenstyps III.

Für macht-, leistungs- und statusorientierte Mitarbeiter werden Gegner erschaffen, die es zu besiegen gilt. Nach gelungenem »Beutezug« wird noch mehr Macht in Aussicht gestellt. Auch hier verdient in den meisten Fällen wieder nur der Vorstand.

Positionen im Unternehmenstyp III

Hier gilt ebenfalls: Es hängt von Ihrer beruflichen Tätigkeit ab, ob die Position, die Sie im Unternehmen bekleiden wollen, zu Ihrer Rolle passt.

Da es viel um Macht und das richtige Taktieren geht, wird die Rolle des Politikers sicher oftmals erforderlich sein. Auch der Unternehmer im Unternehmen, gerade in Führungspositionen, ist sehr gefragt.

Welche Werte in meiner Karriere-DNA passen besonders gut zur Unternehmens-DNA III?

Das Bild sieht wie folgt aus:

Karriere-DNA	Unternehmens-DNA III
Macht	Der Beste am Markt zu sein
Status und Prestige	Zeigen, was man hat
Ordnung	Strukturen erhalten

Menschen, deren Karriere-DNA Werte und Ziele wie die Vergrößerung der eigenen Macht, das Präsentieren von Statussymbolen und die Bewahrung von Ordnung und Strukturen enthält, passen grundsätzlich zu einem machtorientierten Lifestyle-Unternehmen.

Legen wir die Kulturtypen nach Kellner auch hier an, so findet man in diesem Unternehmenstyp wohl in den meisten Fällen eine Stadtkultur. Dabei handelt es sich aber nicht um Städte wie Bochum oder Köln, sondern um Metropolen wie New York oder Shanghai.

An welchen Merkmalen kann ich die Unternehmens-DNA III erkennen?

Art der Mitarbeitersuche

Alle Arten von Medien werden für die Mitarbeitersuche in diesen Unternehmen genutzt. Auch renommierte Headhunter, die Status nach außen zeigen (man leistet sich so etwas), werden für die Suche nach neuen geeigneten Kandidaten eingeschaltet. Hier kann Sie im Auswahlverfahren auch ein professionelles Assessment-Center, durchgeführt von am Markt bekannten Brands wie z. B. Kienbaum, erwarten.

Erste Kontaktaufnahme

Das Prinzip Ordnung ist wesentlicher Teil der Kultur, daher wird die erste Kontaktaufnahme professionell und strukturiert ablaufen. Anders als bei Kulturtyp I und II, wo Sie vielleicht gleich den Geschäftsführer am Telefon haben oder auch keiner so recht weiß, wer eigentlich zuständig ist, läuft hier alles in geordneten Bahnen ab. Mit allem Bürokratismus, der damit verbunden ist.

Bewerbungs- und Kontaktwege sind vorgegeben, daher sollten Sie sich auch daran halten. Wenn es sechs Wochen oder länger dauert, bis Sie eine Antwort erhalten, dann ist das der Struktur des Systems geschuldet. Darauf haben Sie von außen keinen Einfluss. Das ist ein Vorgeschmack auf die Arbeitsweise, die auf Sie wartet, und damit sollten Sie sich schon jetzt auseinandersetzen. *Hands-on*-Entscheidungen sind nur noch in kleinen Nischen möglich.

Kommt es zu einem ersten Gespräch, dann werden Sie damit rechnen müssen, dass Sie auf der anderen Seite nicht auf eine einzelne Person, sondern auf mehrere treffen werden. Da auf Firmenseite alle verstanden haben, dass es um Macht geht, die sich u. a. in Gesprächen und Meetings zeigt, wird es sich keine Abteilung nehmen lassen, an dem Gespräch teilzunehmen. Denn das fördert den eigenen Status und zeigt, dass sie auch etwas mitzureden haben. Insofern werden Sie vielleicht schon in einem ersten Gespräch Spannungen und Machtverhältnisse zwischen Personalabteilung und Abteilungsleitung oder dem Vorstand spüren, je nachdem, für welche Position Sie sich bewerben.

Da Macht sich über Status zeigt, sollten Sie sich darauf vorbereiten und das Spiel mitgestalten. Die Sitzwahl am Tisch, Kleidung und Statussymbole wie Uhren, Taschen etc. sind hier wichtig. Zu viel davon sollten Sie aber auch nicht zeigen, denn keiner der Auswählenden möchte das Gefühl haben, mit Ihnen einen Konkurrenten einzukaufen. Vielleicht werden Sie bemerken, dass die Titel auf den Visitenkarten der Mitarbeiter fein säuberlich ausgewählt wurden und jeder im Gespräch darauf achtet, dass er korrekt angesprochen und seinem Rang entsprechend behandelt wird. Denn auch das ist ein Statussymbol zur Verkörperung von Macht.

Firmenmarke und Website

Wie ist die Marke aufgebaut, welche Farben werden verwendet, mit welcher Art von Sprache und welchem Schrifttyp gibt man Informationen über sich preis? Tauchen viele Superlative auf, vergleicht man sich mit den ganz Großen auf dem Markt? Macht man große Versprechungen und versucht, alle Statussymbole zu spielen, die möglich und denkbar sind, um Macht zu demonstrieren?

Wie sieht der Firmenparkplatz aus, welche Marken versammeln sich dort und welche werden angeboten? In erster Reihe

Porsches, SUVs von Audi und BMW? Das würde zum Selbstverständnis und zu den Werten eines machtorientierten Lifestyle-Unternehmens passen.

Geschäftsadresse

Diese Unternehmen werden Sie nicht im Gewerbegebiet Süd oder Nord finden, und auch nicht an sonstigen unattraktiven Plätzen. Da sich Corporate Identity auch durch Corporate Architecture zeigt, suchen sich diese Firmen Gebäude an innovativen und modernen Standorten. Also können Sie Adressen am Hafen, in Medienzentren, umgebauten Fabriken oder an sonstigen angesagten Stellen finden.

Gebäude

Die Gebäude dieser Unternehmen sind eher aus Glas, Stahl und anderen modernen Materialien. Architekt ist vielleicht Herr Teherani oder ein anderer am Markt für Innovation stehender Baukünstler. Wenn die Firma sich in einem alten Gebäude befindet, dann hat man über die Gestaltung des Empfangs oder entsprechende Anbauten versucht, Modernität und Innovation hereinzubringen. Die Struktur und Aufteilung der Bereiche und Büros sind klar und transparent und erschließen sich dem Besucher zumeist auf den ersten Blick. Die Fahrstühle sind gläsern und mit Touchscreen-Technik versehen.

Empfang

Je nach Größe und Gebäudelage gibt es einen Empfang mit eigenem Personal oder entsprechendem Wach- und Securitydienst. Anders als bei Unternehmenstyp I und II werden Sie hier nicht gleich als angehendes Familienmitglied begrüßt oder irren durch die Gänge, um eine Person zu finden, die sich Ihrer annimmt. Hier kümmert man sich um Sie, trägt Sie womöglich in eine Liste ein und zeigt Ihnen damit noch einmal, dass alles seine Struktur und Ordnung hat.

Besprechungsräume und Ausstattung der Büros

Der Besprechungsraum ist professionell eingerichtet und aufgeräumt. Keine Pizzareste vom Vorabend und auch keine private Pfeifen- oder Jagdsammlung des Inhabers. Vielmehr clean und distanziert. Ausgestattet mit Möbeln und Inventar, die wiederum Macht und Status zeigen. Kein IKEA oder alte englische Ledersessel, hier finden Sie die Möbelklassiker, die »in« sind und die den Red Dot Award oder sonstige Designauszeichnungen bekommen haben.

Vielleicht spiegelt die Firma auch die »Applemania« wider und hält sich konsequent an das Apple-Weiß. An den Wänden hängen abstrakte Kunstwerke, die zum Denken anregen – oder auch Fotos im Lumas-Stil. Die Besprechungsräume haben originelle Namen, die sich von anderen abheben.

Den ersten Kaffee dürfen Sie mit Blick über die Stadt genießen, bodentiefe Fenster mit freiem Blick nach außen sind ein Muss für jedes machtorientierte Unternehmen, das einen gewissen Anspruch an Status und Modernität hat.

Catering und Kantine

Hier dürfen Sie sich jede Kaffeevariante wünschen, die die modernen Kaffeevollautomaten imstande sind, zu produzieren. Café crème, Espresso, Latte macchiato, Milchkaffee, Sie haben die freie Wahl. Daneben gibt es Wasser in drei Sorten, still, Medium und mit Kohlensäure versetzt, aber auch Säfte und sonstige Kaltgetränke innovativer und vor allem teurer Marken.

Auch für Ihr leibliches Wohl ist gesorgt, das Gebäck ist von exquisiter Auswahl und wird bei jedem Gespräch frisch auf dem Teller arrangiert. Auch hier wird auf Status geachtet.

Wenn Sie die Kantine besichtigen dürfen, dann werden Sie das Gefühl haben, in einem Fünfsternehotel zu sein oder in einer der modernen Liveshow-Kochsendungen. Alles ist transparent und modern, Stehtische sind kombiniert mit Tischen, an denen man Platz nehmen kann. Neben der Essensausgabe, natürlich auch mit Salatbar und vegetarischen Speisen, befindet

Unternehmens-DNA: verschiedene Typen

sich eine separate Kaffeebar. In der Mitte plätschert ein kleiner Brunnen vor sich hin, und vielleicht gibt es eine Außenterrasse mit Blick auf einen künstlich angelegten See, auf dem Schwäne schwimmen. Da soll noch einmal jemand etwas gegen Kantinenessen sagen!

Kleidung der Mitarbeiter

Der Anzug ist hier mehr oder weniger Pflicht, auch das hängt wieder von der Position ab, auf die Sie sich bewerben. In jedem Fall sollte man darauf achten, sich modisch zu kleiden. Grau, Schwarz und Dunkelblau werden durch weitere Farben, die »in« sind, ergänzt. Die Schnitte sind gewagter und weniger konservativ als anderswo. Die Blazer und Sakkos sitzen und passen den Mitarbeiten perfekt, die sich darin selbstbewusst bewegen.

Die Haarschnitte sind modern, die Brillengestelle ausgefallen, der getragene Schmuck teuer. Auch besondere Schreibutensilien gehören zur Grundausstattung, denn auch darüber zeigt sich wiederum Macht. Insofern tun Sie gut daran, auch Ihren Mont Blanc mit ins Meeting zu bringen.

Art der Kommunikation

Auf den ersten Blick ist die Kommunikation untereinander offen, so wie es ja auch modern und »in« ist. Allerdings schwingt hier in den leisen Tönen weniger die familiäre Verbindlichkeit wie bei Unternehmenstyp I mit, sondern vielmehr die Fragen, wer was zu sagen hat und wer mächtiger ist als andere. Es ist gut möglich, dass Sie Spannungen unter den Personen mitbekommen.

Sonstige Regeln und Verhaltensweisen

Die Werte Macht, Status und Ordnung zeigen sich auch im täglichen Miteinander. Informationen werden nicht freizügig verteilt, sondern nach strategischen Gesichtspunkten eingesetzt und ausgewählt. Es wird viel Energie im Arbeitstag darauf verwendet, die richtigen Netzwerke zu bedienen und dort mitzumischen. In Meetings wird peinlich genau darauf geachtet, wer dabei sein darf und wer nicht und wie viel Redeanteil der Einzelne hat. Man hat häufig das Gefühl, dass es weniger um die eigentliche Sache und den Inhalt geht als vielmehr darum, sich gut darzustellen und so zu verkaufen, dass andere aufmerksam werden. Für Menschen, die die Rolle des Politikers beherrschen und gerne einnehmen, ein guter Arbeitsplatz.

Unternehmens-DNA Typ IV
(das sich selbst verwaltende Unternehmen)

Dazu sagt Volker aus Hamburg: »Ich habe seit 20 Jahren denselben Arbeitsplatz. Ich glaube, das alleine sagt schon viel über unser Unternehmen aus. Wir gehören zu 50 % dem Bund und zu 50 % anderen Gesellschaftern. Diese Struktur macht sich in unserer Kultur bemerkbar. Ich selbst kann gar nicht genau schildern, was uns besonders macht, aber Freunde von außen, die in anderen Unternehmen arbeiten, machen mich immer wieder auf das eine oder andere aufmerksam. Bei uns hat alles seinen Platz. Wege und Abläufe sind definiert und einzuhalten. Für mich ist das sehr angenehm, da ich immer weiß, wo ich stehe. Ich bin ein Typ, der Ordnung zu schätzen weiß und der Wert auf die Familie legt. Das sind die Gründe, warum ich schon so lange hier bin. Ich kann Privates und Berufliches gut miteinander kombinieren. Meine Freunde sind manchmal etwas neidisch auf meinen Arbeitsplatz, da sie oft die Firma wechseln und sich auf Neues einstellen müssen. Das kostet sie immer wieder viel Kraft. Na ja, dafür machen sie hin und wieder auch einen richtig schnellen Karriereschritt, das ist für mich in diesem Unternehmen weniger zu erwarten. Aber darauf lege ich heute auch keinen Wert mehr.«

Kultur des Unternehmenstyps IV

Wie sieht nun die Kultur des sich selbst verwaltenden Unternehmens aus, wodurch zeichnet sie sich besonders aus?

- **Familie und Lebensqualität**
- **Ordnung und Harmonie**
- **Beständigkeit**

Familie und Lebensqualität

Der erste Wert, für den diese Kultur steht, ist Familie und Lebensqualität. Das Unternehmen erwartet nicht, dass die Mitarbeiter bis zum Umfallen arbeiten und als Konsequenz möglicherweise an Burn-out erkranken. Denn sie dürfen und sollen nach Plan der Firma möglichst lange, vielleicht sogar bis zum Rentenalter im Unternehmen tätig sein.

Aus diesem Grund wird darauf Wert gelegt, dass die Mitarbeiter ihr Privatleben, ihre Familie und Beziehungen pflegen. Ein ausgewogenes Work-Life-Balance-Programm ist quasi vorgeschrieben. Kaum ein Kollege wird dumme Sprüche von sich geben, wenn man gegen 17.00 oder 18.00 Uhr das Büro verlässt. Fast jeder hat neben der Arbeit auch noch etwas anderes zu tun. Das wird untereinander anerkannt und toleriert. Auffällig sind hier eher die Mitarbeiter, die kein Ende finden können und auch um 21.00 Uhr oder noch später E-Mails aus dem Büro versenden.

Nicht selten wählen Frauen mit Familienwunsch diese Art von Unternehmen als Arbeitsplatz, um sich neben dem Job auch der Kindererziehung widmen zu können.

Maike aus Bonn: »Ich habe mich für eine Tätigkeit in einer Verwaltungsbehörde entschieden. Das mag zwar für viele wenig sexy klingen. Für mich bedeutet das aber, Zeit für mein Privatleben zu haben.

Ich habe Freundinnen, die keine Kinder bekommen, weil sie von ihrem Job ganz und gar aufgesaugt werden, und auch solche, die zwölf Stunden jeden Tag im Unternehmen arbeiten und daneben ein Kind großziehen. Na ja, eigentlich ziehen sie ihre Kleinen ja gar nicht selbst groß, sondern eher die Tagesmütter. Das macht aus meiner Sicht keinen Sinn. Entweder – oder! Dann muss ich mich halt in meinem Leben für eine Sache entscheiden. Oder ich suche mir ein Unternehmen, mit dem ich meinen Kinderwunsch verbinden kann.«

Ordnung und Harmonie

Auch Ordnung und Harmonie gehören zur Kultur der sich selbst verwaltenden Unternehmen. Die Dinge laufen, und zwar schon seit vielen Jahren. Das gibt allen ein beruhigendes und geordnetes Gefühl. Der Nachteil ist, dass dieses Gefühl jäh zerstört wird, wenn der Markt nach neuen Prozessen und Abläufen ruft. Die Angst vor Veränderungen ist bei den Mitarbeitern besonders groß, da schnelle Wechsel und Dynamik nicht an der Tagesordnung – und damit auch nicht gelernt – sind.

In den sich selbst verwaltenden Unternehmen sind trotz des Veränderungsdrucks noch viele Mitarbeiter beschäftigt, die sich in ihre Ruhenischen zurückziehen können und an denen das große Chaos vorbeizieht. Sie machen einen Nine-to-five-Job und können jeden Abend pünktlich nach Hause gehen. Der Freitag endet bereits gegen 14.00 Uhr, danach ist im Unternehmen keiner mehr ansprechbar, weder persönlich noch telefonisch.

Klaus aus Bremen: »Ich arbeite in einer Firma, an der zu 30 % der Staat beteiligt ist. Bei uns wird zwar in der letzten Zeit das eine oder andere privatisiert, aber unterm Strich geht alles mehr oder weniger seinen gewohnten Gang. Ich darf das zwar gar nicht laut sagen, aber ich nehme mir jeden Morgen die Zeit, eine Stunde mit meinem Kollegen zu plaudern. Da geht es auch nicht um Berufliches, sondern um private Dinge. Dann mache ich etwas Schreibtisch und gehe von 12.00 bis 13.00 Uhr in die Kantine.

Auf dem Rückweg in mein Büro bleibe ich auch schon mal in einem erneuten Plausch hängen. Und Punkt 17.00 Uhr verlasse ich das Haus. Also das mit der Ruhe und Ordnung kann ich

durchaus bestätigen. Es waren schon mehrere Unternehmens-
berater bei uns, die unsere Strukturen verändern wollten, aber
irgendwann haben alle das Handtuch geschmissen.«

Beständigkeit

Prozesse und Strukturen im Griff zu haben ist ein großer
Vorteil. Es birgt aber auch die Gefahr in sich, in eine interne
Verwaltungsmaschinerie zu treten und den Markt nicht mehr
im Blick zu haben.

Wie das Unternehmen mit diesem Risiko umgeht, hängt im
Wesentlichen vom Management und den Strukturen ab, die
vorgegeben werden. Auf der anderen Seite verkörpert es durch
seine Macht am Markt auch Sicherheit und Stabilität. Diese
Werte sind in einer Verwaltungsbehörde oder auch in Positionen im Staatsdienst, die mit einer Verbeamtung verbunden sein
können, noch deutlicher ausgeprägt. Zwar ist heutzutage jedes
Unternehmen, das auch noch so lange etabliert ist, aufgefor-
dert, sich den neuen Anforderungen zu stellen – soweit es dem
System möglich ist. Aber auch das wird in einer sich selbst verwaltenden Firma nicht komplett zulasten von Sicherheit und
Stabilität gehen, die in dieser Kultur sowohl in- als auch extern
fest verankert sind.

Dazu meint Jana aus Buxtehude: »Ich bin seit Jahren bei einem
großen Warenkreditversicherer angestellt. Ich war immer sehr
mit meinem Arbeitsplatz zufrieden, der mir das Gefühl von
Sicherheit gegeben hat. Dieser Wert passt auch zu unseren
Produkten, die für Vertrauen und Seriosität stehen.

Seit einiger Zeit haben wir jedoch einen ausländischen
Anteilseigner, der mehr und mehr unser Geschäft beeinflusst
und bestimmt. Er reißt immer mehr Macht an sich, leider können wir dagegen gar nichts tun. Im Zuge dessen verändert sich
natürlich auch unsere Unternehmenskultur. Wir sind stark gefordert und stehen unter großem Druck. Das ist gerade nicht
so angenehm fürs Arbeitsklima. Auch bei uns ist mittlerweile
eine Kündigung denkbar, das gab es früher nicht. Und wie
gesagt, das Geschäft läuft auch nicht mehr ganz in den ge-

wohnten Bahnen. Da ist die Stabilität schon ein wenig bedroht. Und trotzdem würde ich sagen, dass wir es gemessen an den Kulturen in anderen Firmen noch sehr viel gemütlicher und sicherer haben.«

Strategie des Unternehmenstyps IV

Welche Strategie wendet dieser Unternehmenstyp an, um zu seinen Zielen zu gelangen?

Aufgaben sind in der Maschine »Unternehmen« fest definiert, und Mitarbeiter haben im System zu funktionieren

Da das sich selbst verwaltende Unternehmen bis ins kleinste Detail mit Prozessen und Abläufen durchgetaktet ist, kann man es mit dem Bild einer mechanischen Organisation vergleichen. Alle Räder laufen ineinander und das System ist darauf angewiesen, dass keiner querschießt. Innovationen würden die bestehenden Abläufe und Strukturen erst einmal komplett durcheinanderbringen.

Dieser Unternehmenstyp erwartet von den Mitarbeitern, dass sie ihre Aufgaben im bestehenden System ordnungsgemäß erfüllen. Sie haben zu funktionieren. Es ist nicht gewünscht, revolutionäre, neue Ideen einzubringen und Bestehendes umzuformen. Das würde die Strukturen überfordern und das Unternehmen nicht erfolgreicher machen. Veränderungen sind hier nur sehr schwer einzubringen, und man kann gut beobachten, wie starr das System darauf reagiert.

Positionen im Unternehmenstyp IV

Als Rollentyp findet man in dieser Unternehmenskultur häufig den Bürokraten, Bedenkenträger und Politiker, auf Führungsebene durchaus auch den Unternehmer im Unternehmen. Es ist manchmal ebenfalls zu beobachten, dass sich selbst verwaltende Unternehmen Mitarbeiter einkaufen, die die Rolle des Unternehmers im Unternehmer übernehmen sollen. Sie haben dann die Aufgabe, mit neuen Ideen Schwung in die Firma zu bringen und die anderen Kollegen mitzureißen und zu motivieren.

Diese Rechnung geht ab und an auf. Meistens scheitert sie jedoch daran, dass der Unternehmer im Unternehmen sich ausgebremst fühlt von den zum Teil verkrusteten Strukturen und der vehementen Weigerung der anderen Mitarbeiter, neue Wege zu gehen.

Welche Werte in meiner Karriere-DNA passen besonders gut zur Unternehmens-DNA IV?

Das Bild sieht wie folgt aus:

Karriere-DNA	Unternehmens-DNA IV
Familie und Lebensqualität	Geregelte Arbeitszeiten
Ordnung und Harmonie	Gewachsene Strukturen
Beständigkeit	Geregeltes Einkommen

An welchen Merkmalen kann ich die Unternehmens-DNA IV erkennen?

Art der Mitarbeitersuche

Auch das sich selbst verwaltende Unternehmen setzt alle Arten von Medien ein, um neue Mitarbeiter zu finden. Ist allerdings eine offizielle Ausschreibung nötig, kommt der Verwaltungsgedanke klar mit ins Spiel. Wundern Sie sich nicht, wenn Ihre Bewerbung hier lange Wege nimmt und Sie an den Regularien der Vergabeordnung gemessen werden.

Dieser Unternehmenstyp hat klare Strukturen und verwaltet sich intern an vielen Stellen selbst. Hier arbeiten Menschen, die in den meisten Fällen nicht darüber nachdenken, wie sie schneller und optimierter zu einem Ergebnis kommen könnten. Und das ist auch verständlich, da sie den Gedanken eines mechanistischen Systems verinnerlicht haben. Wenn sie vom Prozess abweichen, haften sie im Zweifel auch für den dadurch entstandenen Schaden. Alleingänge werden in dieser Unternehmenskultur nicht geduldet.

Erste Kontaktaufnahme

Die erste Kontaktaufnahme mit Ihnen wird professionell und förmlich distanziert ausfallen. Das Gute an diesem Unternehmenstyp ist, dass es klare Regeln und eine stringente Ordnung gibt, auf die Sie sich verlassen können. Also müssen Sie weder mit einem Anruf um 23.00 Uhr rechnen noch mit dem Vorstand, der sich persönlich am Telefon meldet. Hierarchien werden eingehalten.

Firmenmarke und Website

Mittlerweile haben auch alle sich selbst verwaltenden Unternehmen, Verwaltungsbehörden oder Stellen des Landes und Bundes einen Internetauftritt. Die Farbgebung bewegt sich hier in einem soliden und konservativen Bereich: Dunkelblau, Grau, Anthrazit etc.

Kontinuität, Sicherheit und Stabilität als Werte vertragen sich kaum mit einem zu modischen, schrillen oder marktschreierischen Auftritt. Die Website ist gut strukturiert und gibt inhaltliche Auskunft darüber, was sich hinter dem Unternehmen oder der Verwaltung verbirgt. Hier finden Sie keine großen Marketingplattitüden oder wilden Aktionen, die vom Wesentlichen ablenken, anders als vielleicht beim Unternehmenstyp III. Inhalt geht hier klar vor Gestaltung, und dafür wird ein gutes Marketing auch mal sträflich vernachlässigt.

Geschäftsadresse

Ihr morgendlicher Weg zur Arbeit führt Sie bei diesem Unternehmenstyp mittlerweile auch in die glitzernden, neu erschlossenen Bereiche der Stadt. Während früher Sicherheit und Stabilität eher durch einen soliden Bau repräsentiert wurden als durch ein leichtes Glaskonstrukt, setzen die Unternehmen mittlerweile auch auf eine andere Architektur und modernere Geschäftsadresse.

Gebäude

Passend zu diesem Thema erschien im Handelsblatt vom 16. Juni 2010, Ausgabe 113, ein Artikel mit der Überschrift *Architektur ohne Ausrufezeichen: Die neuen Tempel der Wirtschaft sind nicht mehr aus Marmor. Unternehmen setzen andere Zeichen, um Identität, Transparenz und Innovation zu zeigen.*

Dort wurde u. a. die neue Zentrale und das neue Gebäude der Firma Thyssen-Krupp gezeigt. Der Kölner Architekt Jürgen Steffens, der das Gebäude entworfen hat, sagt: »Hätten wir Backstein genommen, wären wir nicht glaubhaft gewesen. Dieser Campus-Architektur sieht man an, dass da der Konzern Thyssen-Krupp dahinter steht.«

Thyssen-Krupp möchte mit dem Bau und der besonderen Architektur seine Innovationskraft zeigen. Weltweit als erstes Gebäude wird es einen beweglichen frei stehenden Sonnenschutz haben, der aus gekanteten Lochblechen aus Edelstahl besteht. Es gibt keine Fensterrahmen und Fenstersprossen, die Scheiben werden von einer dünnen Seilkonstruktion gehalten. Das soll die weltoffene Haltung des Konzerns verdeutlichen. Mit dem neuen Gebäude, das der Selbstdarstellung von Produkten und Leistungen dienen soll, erfolgt auch ein Kulturwechsel. Die Zentrale wird gestärkt, fünf Zwischenholdings werden gestrichen.

In Deutschland sind noch viele Firmenbauten aus der Gründerzeit vorhanden, massive und kompakte Gebäude, mit der Aussage »Wir sind solide«. Neu ist, dass man durch die Architektur Nachhaltigkeit und ökologische Effizienz signalisieren möchte. Ob es sich dabei tatsächlich um den Ausdruck eines inneren Wertewandels der großen Firmenzentralen handelt oder ob einfach die späteren Verkaufschancen des neuen Objektes abgesichert werden sollen, sei dahingestellt.

Wir sehen also, dass auch die sich selbst verwaltenden Unternehmen heute nicht immer den soliden Stein für ihr Gebäude wählen, sondern in einigen Fällen in die Hightecharchitektur mit einsteigen. Insofern sollte man immer genau untersuchen, ob die Fassade auch die Kultur des Unternehmenstyps IV abbildet oder das Gebäudeaußenbild nur wenig mit den intern gelebten Werten zu tun hat.

Empfang

Je nach Gebäude und Größe wird die Aufgabe des Empfangs an einen professionellen Securitydienst abgegeben oder durch eigene Mitarbeiter abgedeckt. Auch durch das Prozedere und die Einträge und Unterschriften am Eingang lässt sich bereits bemerken, dass alles in fest definierten Strukturen abläuft.

Besprechungsräume und Ausstattung der Büros

Hier herrscht Ordnung, verbunden mit Schlichtheit und manchmal behördlichem Mief. Die Möbelausstattung stammt nicht von Designern, sondern ist funktionell und praktisch wie auch die Kultur des Unternehmens. Sicherheit, Stabilität und Ordnung vor Status, Prestige und Machtstreben. Stabiles Sitzen ist hier wichtiger als futuristische Anmutung!

Catering und Kantine

Das Catering ist solide und gut. Weder Kaffee im Kännchen noch sechs verschiedene Varianten zur Auswahl. Die Marken der Kaltgetränke sind traditionell und bekannt. Coca Cola statt Fritz Cola, Sinalco statt Bionade.

Das Bild wiederholt sich in der Kantine, die gute Kost anbietet und bestimmt auch über eine Salatbar verfügt. Exotische Gerichte und Arrangements gibt es allerdings nicht. Die Werte des sich selbst verwaltenden Unternehmens zeigen sich auch in der Esskultur.

Doch Ausnahmen bestätigen die Regel. Manche Unternehmen dieses Typs möchten ihren Innovationswunsch durch eine hochmoderne Kantinenlandschaft ausdrücken. Dort ist dann alles vom Feinsten, und man ist verwirrt. Befindet man sich nun in einem machtorientierten Lifestyle-Unternehmen oder in einer Verwaltungsbehörde? Vielleicht ist das ein erster Hinweis darauf, dass hier Kulturmerkmale zweier Typen zu finden sind und sich das Unternehmen womöglich in einer Umbruchphase befindet.

Kleidung der Mitarbeiter

Blazer und Sakko sind in den meisten Fällen Pflicht. Je mehr Verwaltungsatmosphäre herrscht, desto häufiger können Ihnen Mitarbeiter auch in Strickjacke oder Pullover begegnen. Die Farben der Kleidung sind dezent, und es gibt keine auffälligen Ausreißer. Man passt sich den Werten des Unternehmens auch hier an. Hin und wieder stößt man auf »Puschenkino«, das heißt, Mitarbeiter gehen mit Hausschuhen oder Birkenstock-Schuhen durch die Gänge. Seien Sie davon nicht irritiert, das ist auch ein Zeichen dafür, dass es hier etwas gemütlicher zugeht. Ich habe an einem Sitzungstag auch schon einen Richter erlebt, der unter seiner Robe 99-Cent-Plastiksandalen vom Drogeriemarkt um die Ecke trug!

Art der Kommunikation

Der Umgang untereinander ist herzlich und gleichzeitig förmlich. Eine auf den ersten Blick sicher seltsam erscheinende Kombination. Herzlich, da Werte wie Familie und Beziehungen akzeptiert und gelebt werden. Man ist nicht den ganzen Tag mit Macht und Status beschäftigt, sondern auch daran interessiert, sich persönlich auszutauschen. Soweit das der Arbeitsbereich zulässt. Förmlich, da die Mitarbeiter zwar seit vielen Jahren im Unternehmen sind und die meisten auch bleiben möchten, sie aber nicht zu dem erweiterten Familienkreis des obersten Managements gehören. Es gibt in dieser Kultur eine klare Trennung zwischen Beruf und Privatleben, die auch so gewollt ist. Das führt letztlich zu einer gewissen Art von Zurückhaltung und Distanziertheit.

Das Tempo in diesen Firmen ist meistens etwas langsamer als anderswo. Dinge brauchen dort ihre Zeit. Mit Erneuerungen aller Art tut sich das System sehr schwer, auch wenn sie gewollt und erwünscht sind. Viele der Mitarbeiter haben wenig Erfahrung in anderen Unternehmen gesammelt und daher auch selten Veränderungsprozesse mitgemacht. Neuen Herausforderungen wird weniger mit Motivation als mit Angst begegnet.

Unternehmens-DNA Typ V
(das politisch korrekte Unternehmen)

Carsten aus Berlin sagt: »Ich habe mir für den ersten Job nach meiner Ausbildung ein Unternehmen ausgesucht, das ein sinnvolles Produkt anbietet. Daher habe ich mich für die Windenergiebranche entschieden. Ich kenne den Inhaber des Unternehmens. Als der vor einigen Jahren die Firma gründete, wollte er natürlich auch Geld verdienen, aber nicht um jeden Preis. Ich habe ihm abgenommen, dass es ihm wichtig ist, etwas für den Bereich der alternativen Energien zu tun. Meine Kollegen waren nicht nur darauf bedacht, ein fettes Gehalt zu bekommen, sondern vor allem, sich für ein gutes Produkt einzusetzen. Es herrschte insgesamt ein hoher Anspruch an unsere Arbeit und den Umgang miteinander.

Das veränderte sich leider etwas, als wir Fördergelder beantragen wollten. Wir konnten uns nicht allein mit der Firma über Wasser halten und waren auf Subventionen angewiesen. Was ich da erlebt habe an Schieberei, Korruption, Täuschung und Lügen kann ich gar nicht in kurzen Worten zusammenfassen. Mein Chef war genauso schockiert wie ich, aber er bzw. wir brauchten das Geld, um zu überleben. Also mussten wir nach und nach das eine oder andere Ergebnis schönen und andere Materialien in der Produktion einsetzen, die unsere Kosten senkten, aber weniger etwas mit Umweltschonung zu tun hatten.

Irgendwann entschieden wir uns dann, einen Geldgeber aus Saudi-Arabien in das Unternehmen einzubinden. 51% der Anteile wollte er haben. Anfänglich dachten wir, dass es auch ihm darum geht, ein gutes und wertvolles Produkt auf den Markt zu bringen. Aber da haben wir uns getäuscht. Inzwischen wissen wir, dass es ihm letztlich nur um die Rendite geht. Und da er die Mehrheit besitzt, können wir uns nicht mehr durchsetzen. Von der ursprünglichen Unternehmenskultur, mit der wir gestartet sind, ist leider nicht mehr viel übrig geblieben.«

Etwas anderes berichtet Nina aus Hannover: »Ich arbeite in einem Reformhaus. Mittlerweile sind wir eine Kette mit ca. 50 Niederlassungen bundesweit. Der Inhaber hat sich vor einigen Jahren zur Ruhe gesetzt und einen Geschäftsführer eingestellt. Ich finde, der macht das richtig gut. Er versucht, an die Werte unseres früheren Chefs anzuknüpfen. Ich glaube, er weiß ganz genau, dass er sonst unsere Motivation im Team zerstören würde. Statt mit einem Porsche, den er sich sicher leisten könnte, kommt er morgens mit einem Hybridauto zur Arbeit. Seine Kleidung ist nicht von Boss, sondern besteht aus Baumwolle aus kontrolliertem Anbau. Und in den Mittagspausen isst er vollwertige Nahrung und kein Fast Food. Unserem Geschäftsführer nimmt man ab, dass die Werte des Unternehmens auch ihm persönlich wichtig sind.«

Kultur des Unternehmenstyps V

Auch in diesem Unternehmenstyp spiegelt sich die Kultur in den ihr zugrunde liegenden Werten wider.

- **Beziehungen und Lebensqualität**
- **Idealismus und Ehre**
- **Neugier**

Beziehungen und Lebensqualität

Auch in politisch korrekten Unternehmen wird gearbeitet, und das nicht zu knapp. Wer glaubt, sich hier entspannen und regelmäßig politische Aktionen und Demonstrationen besuchen zu können, liegt vollkommen falsch. Gerade weil sich dieser Unternehmenstyp erst in bestimmten Nischenbereichen beweisen muss und der Markt und die Kunden manchmal noch nicht reif sind für neue Ideen oder lieber den gewohnten stromlinienförmigen Weg gehen, muss jeder der Mitarbeiter volle Leistung bringen.

Gute Beziehungen untereinander und vor allem die respektvolle Art des Umgangs werden als wichtig eingeschätzt, und danach richtet man sich auch. Man kämpft letztlich für die gleichen Ideale. Das Unternehmen betritt den Markt mit einer klaren Mission und wagt es, etwas anderes anzubieten. Es ist davon überzeugt, dass es die Lebensqualität der Menschen steigern wird. Mit gesunder Ernährung können wir Krankheiten vorbeugen, und alternative Energien helfen uns, in einem gesünderen Umfeld zu leben.

Aber hier ist Vorsicht geboten: Auch in dieser Unternehmenskultur gibt es den einen oder anderen Kollegen, der schnell und rücksichtslos nach oben kommen möchte. Politisches Agieren und Mobbing schließen sich leider nicht aus.

Idealismus und Ehre

Die Kultur eines politisch korrekten Unternehmens basiert auf idealistischen Wertvorstellungen. Alle wollen etwas verändern, und zwar in eine positive Richtung. Die Firma hat eine bestimmte Vision und Aufgabe. Dabei sollen keine irrealen Traumschlösser gebaut werden, die der Realität nicht standhalten. Vielmehr geht es um berechtige Ansprüche und lösbare Aufgaben. Die Gründer und Inhaber leben und verkörpern das, was ihnen wichtig ist. Zumindest in der ersten Generation.

Es gibt auch so etwas wie ein gemeinsames Ehrgefühl, das es zu verteidigen gilt. Dies verhindert, dass die eigentliche politische Aussage oder der ökologische Anspruch schnell in Vergessenheit gerät, wenn das Geld lockt und man merkt, dass man die Ware auch viel preiswerter – aber in schlechterer Qualität – aus einem Dritte-Welt-Land importieren könnte. Werte wie

Idealismus und Ehre führen dazu, dass die meisten Mitarbeiter in hohem Maße mit den Ideologien des Unternehmens verwachsen sind.

Neugier

Ein weiterer Unternehmenswert ist der Anspruch, sich nie mit dem zufriedenzugeben, was man hat. Es geht darum, sich ständig mit neuer Energie für das Ziel einzusetzen, für das die Firma steht. So genügt es einem Unternehmen, das sich gegen die Diskriminierung von Menschen und für die Gleichberechtigung einsetzt, nicht, fairen Kaffee aus Afrika zu beziehen. Ein Reformhaus wird nicht nur das Gemüse aus kontrolliert-biologischem Anbau anbieten, sondern permanent darum bemüht sein, das Sortiment zu erweitern.

Da diese Unternehmen einen neuen, politisch korrekten Weg einschlagen wollen, müssen sie mehr kämpfen als andere, um am Markt zu bestehen. Die Versuchung ist anfänglich groß, es sich manchmal etwas einfacher zu machen und es bei dem kontrolliert-biologischen Gemüse im Sortiment zu belassen. Das würde allerdings auf Kosten der Glaubwürdigkeit gehen. Und wenn diese Unternehmen mit ihrer Kultur langfristig überleben möchten, dann tun sie gut daran, an ihren Werten und Idealen festzuhalten, um so auch bei den Kunden und Kollegen keine Zweifel aufkommen zu lassen.

Glaubt man allerdings, dass die Mitarbeiter durch ihre Offenheit auch Andersdenkenden mit Respekt begegnen, stellt man leider häufig fest, dass Toleranz nur so weit gelebt wird, wie es in das eigene System passt. Idealistische Menschen sind oftmals sehr radikal und lassen nur die eigene Denkweise zu. Auch hierauf sollten Sie achten.

Strategie des Unternehmenstyps V

Die Strategie dieses Unternehmenstyps lautet:

Mitarbeiter über höhere Werte und Lebenssinn an das Unternehmen binden

Die Medien zeigen, dass auch das politisch korrekte Unternehmen an betriebswirtschaftlichen Gewinnen durchaus interessiert ist. Macht und Geld spielen hier ebenfalls eine große Rolle, auch wenn Gegenteiliges gern behauptet wird. Die Strategie lautet, die Mitarbeiter für die gute Sache zu motivieren und ihnen vielleicht sogar die Möglichkeit zu geben, sich für einen neuen Lebenssinn einzusetzen. Die Ziele werden als ideell und ideologisch dargestellt. Meistens hat das oberste Management aber auch hier – neben dem guten Gedanken – das eigene Weiterkommen oder Geld im Fokus. Also überprüfen Sie genau, wie ernst es die Firma wirklich meint!

Positionen im Unternehmenstyp V

Diesem Unternehmenstyp geht es darum, etwas zu bewegen und sich mit einer neuen Idee durchzusetzen. Mitarbeiterrollen, die verwalten, statt anzupacken, sind hier weniger gefragt. Der Bürokrat oder Bedenkenträger ist daher nicht die erste Wahl. Der introvertierte Denker ist dann erwünscht, wenn neue Ideen ausgetüftelt werden müssen, z. B. im Bereich der erneuerbaren Energien. Und auch der Politiker kann gut eingesetzt werden, wenn es um die Beantragung von Fördergeldern geht oder wenn generell viele Gremien und Netzwerkarbeit mit der Unternehmensidee verbunden sind. Ebenso gefragt sind der Innovationsgeber und Revolutionär. Die Frage ist nur, wann braucht man wen und wie viele.

Gerade beim Start einer Firma mit einer derartigen Kultur mag es sehr hilfreich sein, revolutionäres und etwas lauteres – vielleicht sogar polarisierendes – Marketing zu platzieren. Geht es dann aber darum, sich am Markt zu etablieren, kann der übermotivierte Revolutionär, der sich den Strukturen nur selten anpasst, für das Unternehmen auch kontraproduktiv sein.

Die Rolle des Unternehmers im Unternehmen, also der anpackende Mitarbeiter, ist auch hier immer gern gesehen.

Welche Werte in meiner Karriere-DNA passen besonders gut zur Unternehmens-DNA V?

Das Bild sieht wie folgt aus:

Karriere-DNA	Unternehmens-DNA V
Beziehungen und Lebensqualität	Beruf als Berufung
Idealismus und Ehre	Für eine Sache kämpfen
Neugier	Stetige Verbesserung

An welchen Merkmalen kann ich die Unternehmens-DNA V erkennen?

Art der Mitarbeitersuche

Je nach Größe und Professionalität kommen auch hier wiederum alle Medien zum Einsatz. Das Geld für Headhunter ist bei vielen politisch korrekten Unternehmen nicht vorhanden.

Neben den regionalen Tageszeitungen sind Angebote in Fachzeitschriften zu finden, die sich mit dem Branchenthema beschäftigen. Da man Mitarbeiter haben möchte, die für die Unternehmenswerte stehen, werden viele Jobs auch unter der Hand in entsprechenden Netzwerken vergeben. Man kennt sich schließlich untereinander.

Erste Kontaktaufnahme

Je nach Größe und Branche unterscheidet sich die Art und Weise, wie Sie angesprochen werden. Bei einem Unternehmen, das den Umweltschutz im Fokus hat, mag Ihre Einladung auf einem Recyclingpapier erfolgen – das wäre konsequent.

Firmenmarke und Website

Da es sich nicht um ein 08/15-Unternehmen handelt, nimmt die Firmenphilosophie einen großen Raum ein. Damit sollten Sie sich ausführlich auseinandersetzen. Wahrscheinlich gibt es klare Dos and Don'ts. Die Farben im Logo und auf der Website sind politisch korrekt. Einen Umweltbezug stellen erdige Töne her, also Braun und Grün. Das sollten Sie in einem möglichen Bewerbungsgespräch beachten.

Geschäftsadresse

Politisch korrekte Unternehmen finden Sie ganz sicher nicht in den Hochburgen der Wirtschaftzentren, wie z. B. in der Hafencity in Hamburg oder im Medienzentrum in Düsseldorf. Würde die Firma hierfür Geld investieren, wäre sie schlecht beraten.

Es geht nicht um das Mitspielen in einem Machtapparat, der sich über Statussymbole definiert, sondern vielmehr um einen authentischen und bodenständigen Auftritt, der die Ernsthaftigkeit und das nachhaltige Engagement für die entsprechenden Themen ermöglicht.

Gebäude

Sie sollten daher keine Glashochburg oder elegante Jugendstilvilla erwarten, eher ein nach ökologischen Gesichtspunkten gebautes Haus, das Nachhaltigkeit verkörpert. Bei Firmen, die sich mit erneuerbaren Energien beschäftigen, kann es sich allerdings durchaus auch um ein technisch hochinnovatives Gebäude aus viel Glas und Stahl handeln.

Empfang

Der Empfang in den Unternehmen wird unspektakulär sein. An der Auswahl der Zeitschriften, die hier ausgelegt sind, werden Sie vielleicht schon merken, welche Meinungen man vertritt und wie viel tatsächliches politisches Engagement gefordert ist. Meint es ein Unternehmen ernst mit seinem Anspruch, für etwas anderes und Neues zu stehen und Dinge zu verändern, dann werden Sie sicher nicht die Brigitte, Schöner Wohnen oder Auto, Motor und Sport vorfinden. Wenn doch, dann ist das ein erster Hinweis darauf, dass die Parolen und guten Gedanken vielleicht nicht ganz konsequent umgesetzt werden.

Man darf in diesen Unternehmen vielmehr Fachzeitschriften der jeweiligen Branche erwarten sowie politische Flyer und Broschüren, die alle eigenen aktuellen Projekte widerspiegeln.

Besprechungsräume und Ausstattung der Büros

Man findet in den Räumen dieser Firmen häufig Naturvollholz statt laminierte IKEA-Oberflächen und bequeme, wenn auch manchmal optisch etwas merkwürdig anmutende Stühle. Außerdem Bilder, die den eigenen Auftrag des Unternehmens unterstreichen, wie z.b. vom Regenwald, von benachteiligten Menschen in der dritten Welt, Fotos von manipulierten Lebensmitteln, vom ökologischen Anbau oder Darstellungen von erneuerbaren Energiequellen. Das alles kann trotzdem einen Anstrich von Design haben. Denn wenn man sich auf dem Möbelmarkt umschaut, wird man merken, dass hier eine ganz neue Nische entstanden ist. Die robusten Ökomöbel von gestern sind längst überholt worden von Firmen, die den Anspruch haben, politisch korrekte Waren und Produkte mit formschönem Design zu vereinen.

Catering und Kantine

Hier stoßen Sie sicher auf Lebensmittel und Getränke, auf denen die Worte Bio und Recycling fett geschrieben sind. Man unterstützt gerne die kleinen Nischenanbieter.

Der Kaffee ist aus kontrolliert-biologischem Anbau und fair gehandelt. Genauso wie die Kekse und das Obst, das aus Anbaugebieten kommt, in denen keine Genmanipulation betrieben wird.

Kleidung der Mitarbeiter

Die Kleidung der Mitarbeiter stammt weder von Marken wie Boss und Escada noch von KIK. Je nach Branche werden Sie auf etwas feinere Stoffe oder schlichte und funktionale Schnitte treffen.

Art der Kommunikation

Die Art der Kommunikation ist vergleichbar mit der in der Unternehmenskultur des Typs I. Auch hier mag man sich und arbeitet gerne zusammen, weil man für ein gemeinsames Ziel kämpft. Der Unterscheid ist allerdings, dass es im politisch korrekten Unternehmen um Idealismus geht, der sich auch in der Art der Bindung untereinander niederschlägt. Nicht der Inhaber hält hier die Mitarbeiter zusammen, sondern vielmehr das gemeinsam definierte Ziel, das allen gleich wichtig ist.

Sonstige Regeln und Verhaltensweisen

Die Kultur des politisch korrekten Unternehmens steht in einem besonders starken Maße für ein idealistisches Ziel. Leider geht das Engagement im Laufe der Zeit häufig verloren, oder es steht zumindest nicht mehr im Mittelpunkt. Und der eine oder andere Mitarbeiter merkt auf einmal, wie schnell er mit etwas mehr Macht an Geld kommt. Manchmal ist das Unternehmen auch gezwungen, sich den Marktregularien zu unterwerfen und anzupassen, die die ursprünglichen Ziele nicht unterstützen. Insofern sind Sie nicht schlecht beraten, sich diese Art von Unternehmen genau und mit gesundem Abstand anzuschauen, bevor Sie sich zu schnell durch die ausgesprochenen Appelle einfangen lassen.

Zusammenfassung von KAPITEL 4

- Die DNA eines Unternehmens ist genauso individuell wie die Karriere-DNA eines Menschen. Es lassen sich jedoch grob fünf verschiedene Typen von Unternehmen unterscheiden.

- Jede Unternehmens-DNA besteht aus drei Elementen: aus der Unternehmenskultur, der Unternehmensstrategie und den Positionen, die Sie als Mitarbeiter in der Firma einnehmen.

Unternehmens-DNA Typ V

5. KAPITEL

Welche Unternehmens-DNA passt zu meiner Karriere-DNA?

Sie kennen mittlerweile Ihre Karriere-DNA und wissen nun auch um die fünf unterschiedlichen DNAs von Unternehmen. Vielleicht ist es Ihnen beim Lesen des letzten Kapitels bereits gelungen, den Unternehmenstyp zu erkennen, der für Sie passend sein könnte.

Wir sollten uns jetzt aber noch einmal Zeit nehmen, diesen Abgleich in aller Ruhe und Präzision gemeinsam vorzunehmen. Als Erstes müssen wir die Frage klären, welches Unternehmen aufgrund seiner DNA zu Ihren Werten passt.

Fit I: Unternehmenskultur und berufliche Werte

Es wird vielleicht nicht *die* eine Antwort geben, aber lassen Sie uns die Möglichkeiten miteinander durchspielen.

Notieren Sie dazu bitte noch einmal Ihre drei wichtigsten beruflichen Werte, die Sie sich in Kapitel 3 erarbeitet haben.

Wert 1:

Wert 2:

Wert 3:

ICH-Werte

Macht

Wenn Sie merken, dass Ihnen Macht besonders wichtig ist, dann sollten Sie sich mit der Unternehmens-DNA III und IV genauer beschäftigen.

Grundsätzlich gilt: In jeder Unternehmenskultur geht es um Macht und die Möglichkeit der Beeinflussung. Es wäre lebensfremd, wenn wir hier zu einem anderen Ergebnis kommen würden.

Dennoch gibt es Unterschiede, wie weit Macht als eigener Wert im Mittelpunkt steht oder ob er Ausdruck der Struktur der Firma ist, der sich praktisch von allein einstellt. Nach dem Motto: Je höher man kommt, desto mehr Macht muss und kann man auch ausüben, das ist aber nicht das explizite Ziel.

Das dringendste Ziel der Mitarbeiter eines machtorientierten Lifestyle-Unternehmens ist es, noch machtvoller zu werden. Das bedeutet, den Markt zu beherrschen, die meisten Kunden zu bedienen, das meistverkaufte Produkt herzustellen und die besten Zahlen und Renditen zu liefern. Die Worte Innovation, Nachhaltigkeit oder Ökologie, die man häufig in den Selbstbeschreibungen findet, sind sicher auch präsent, stehen aber nicht im Zentrum. Es handelt sich hierbei vielmehr um perfektes Marketing, das den eigenen Machtanspruch gesellschaftlich verträglich verpackt. Das Leben funktioniert dort nach dem Prinzip »Hast du Macht, dann kannst du bleiben – hast du keine, dann wirst du nicht überleben«. Es streben alle so sehr nach Autorität und Einfluss, dass man oft das Gefühl hat, gar nicht mehr mit Kollegen zusammenzuarbeiten, sondern den Überlebenskampf unter lauter Haifischen zu begehen.

Wenn Sie also gerne Macht ausüben, es Ihnen Freude bereitet, Verantwortung zu tragen, und Sie bereit sind, den damit verbundenen Kampf aufzunehmen, dann ist die Kultur eines machtorientierten Lifestyle-Unternehmens für Sie genau richtig. Dort können Sie sich im Ring ausprobieren und Ihre Kräfte messen.

Das sich selbst verwaltende Unternehmen soll hier nur am Rande Erwähnung finden. Auch dort geht es um Macht, allerdings weniger offensiv als im Unternehmenstyp III. Seit langem gewachsene politische Verbindungen und die richtigen Kontakte haben dazu geführt, dass man an der richtigen Stelle landet. Macht wird offiziell nicht als Wert diskutiert, aber durch Netzwerke und Seilschaften gelebt und ausgebaut. Während man in einem machtorientierten Lifestyle-Unternehmen mit den richtigen Spielzügen schnell an Macht gewinnen kann, ist das bei einem sich selbst verwaltenden Unternehmen sehr viel diffiziler. Machtzuwachs erfolgt hier nicht von heute auf morgen. Da sich das Unternehmen insgesamt deutlich langsamer bewegt, muss man viel Zeit mitbringen, um in die alten, zum Teil verkrusteten Interessengruppen aufgenommen zu werden, wenn das überhaupt möglich ist.

Wenn Sie Macht ausüben möchten, dann werden Sie sich besonders im machtorientierten Lifestyle-Unternehmen wohlfühlen. Wenn Sie etwas mehr Zeit mitbringen, kann Ihnen durchaus auch das sich selbst verwaltende Unternehmen liegen.

Anerkennung

Die Chance auf Anerkennung ist am größten bei den Unternehmens-DNAs I, II und V und am geringsten bei III und IV. Wir können an dieser Stelle immer nur die gesamte DNA eines Unternehmens heranziehen und nicht jede einzelne Abteilung betrachten, die in ihrer Kultur hin und wieder von der des Unternehmens abweicht.

Damit ist Folgendes gemeint: Das inhabergeführte Unternehmen steht dafür, Leistungen der eigenen Mitarbeiter anzuerkennen. Das resultiert aus seiner Kultur und Strategie. Jedoch kann es einzelne Abteilungen geben, in denen der Vorgesetzte seinen Mitarbeitern *keine* Anerkennung gibt, weil er eine andere Art von Führung praktiziert. Andererseits legt das machtorientierte Lifestyle-Unternehmen kaum Wert auf Anerkennung. Man darf sich also nicht wundern, wenn man hier *keine* findet. Aber auch in solchen Unternehmen gibt es hin und wieder Führungskräfte, die Leistungen der Mitarbeiter wertschätzen.

Insofern gibt der DNA-Typ einer Firma immer nur erste Hinweise darauf, ob die Kultur und Strategie zu Ihren Werten und Zielen passen. Aber es gibt auch immer wieder Abteilungen, die ihre eigenen Regeln aufstellen und ihnen konsequent folgen. Und die mögen manchmal nicht mit der Kultur und der Strategie des Unternehmens konform gehen.

Kommen wir aber zurück zu unserer Untersuchung, warum Sie eine große Chance haben, im Unternehmenstyp I, II und V Anerkennung zu erhalten. In inhabergeführten Unternehmen begegnen Sie dem Inhaber noch regelmäßig. Da er Sie emotional binden und bei Laune halten möchte, erhalten Sie von ihm in den meisten Fällen auch positives Feedback. Die anderen Kollegen sind auf Ihre Mitarbeit und Kollegialität angewiesen, und daher bemühen auch sie sich um Anerkennung.

In einem jung-dynamischen Unternehmen bekommen Sie vielleicht keine verbale Anerkennung in Form von Lob, aber die Tatsache, dass Sie bei wichtigen Entscheidungen und Projekten mitwirken dürfen, wirkt wie eine ausgesprochene Wertschätzung. Politisch korrekte Unternehmen haben oft einen hohen Anspruch an den Umgang miteinander und an die Führung insgesamt. Hier kämpfen Sie mit anderen für die gleiche Sache, die Ihnen wichtig ist. Auch hier sollte es möglich sein, Anerkennung zu erhalten.

Ich möchte noch einmal betonen, dass jeder Mensch Anerkennung braucht. Wir alle sind mehr oder weniger auf Rückmeldung von außen angewiesen. Und trotzdem ist es Normalität, dass in den meisten Firmen Positives nicht erwähnt und nur die schlechten Leistungen angesprochen werden. Daraus kann man dann in der Regel ableiten, dass die eigene Arbeit durchaus geschätzt wird, sofern man nichts Gegenteiliges hört.

Proaktives positives Feedback wäre sehr wünschenswert, und alle wissen, zumindest theoretisch, wie es geht. Interessanterweise wird es aber häufig nicht praktiziert. Wenn Sie also merken, dass Sie in Ihrer Firma nicht die Form der Anerkennung finden, die Sie brauchen, um sich wohlzufühlen, und die eben erwähnte Feststellung Ihnen nicht weiterhilft, dann sollten Sie überlegen, ob und in welcher Form Sie sich selbst Anerkennung geben können. Das macht Sie unabhängig(er)!

Anerkennung finden Sie häufig in den Unternehmenskulturen I, II und V. Generell sollten Sie jedoch beachten, dass es vom jeweiligen Vorgesetzten abhängt, ob

Sie für Ihre Leistungen gelobt werden. In deutschen
Unternehmen ist es eher unüblich, Erfolge zu würdigen.
Sie sollten daher grundsätzlich daran arbeiten,
sich im Beruf von externer Anerkennung unabhängig
zu machen.

Status und Prestige

Die Paradekultur, die genau zu diesem Wert passt, ist die des
machtorientierten Lifestyle-Unternehmens. Natürlich hat jeder
Kulturtyp seine Statussymbole, an denen man ihn erkennt.
In Verwaltungsbehörden ist das ebenfalls der Fall, auch wenn
das häufig geleugnet wird. Zwar werden die Mitarbeiter dieser
Unternehmenssysteme nicht mit dem Porsche vorfahren, den
Mont-Blanc-Füller zücken und mit dem iPhone herumspielen.
Dafür gibt es andere Symbole und Zeichen, die in dieser Kultur
von Bedeutung sind, sei es das Abzeichen oder der dezente An-
stecker einer politischen Vereinigung, das die Mitarbeiter am
Blazer- oder Sakkokragen tragen, oder das hybridbetriebene
Auto, mit dem sie vorfahren.

Jede Kultur definiert sich über Symbole und Zeichen, aber
es gibt eben auch Firmen, für die das Motto »Haste was, dann
biste was« besonders stark zählt, wie das bei dem machtorientierten Lifestyle-Unternehmen der Fall ist. Dass Sie überhaupt
für dieses Unternehmen bzw. diese Marke arbeiten dürfen,
gibt Ihnen schon einen gewissen Status. In der Firma angekommen, finden Sie klare Anweisungen, wer was bekommt –
je nach Position. Es gibt Firmenwagen und repräsentative Büros mit bodentiefen Glasfenstern. Jeder Kollege, der Ihr Do-
mizil betritt, ist gleich dabei, die Anzahl Ihrer Sprossen pro
Fenster zu zählen. Denn je mehr Sie haben, desto wichtiger
sind Sie. Die Büromöbelausstattung wird gecheckt, genauso
wie Ihr Schreibmaterial, Ihre Uhr, Ihr Schmuck, Ihre Tasche
und Kleidung.

Es ist ebenfalls von Bedeutung, ob Sie ein repräsentatives
Hobby haben und im richtigen – angesagten – Stadtteil woh-
nen. Sie trinken im Unternehmen nicht aus irgendwelchen
Gläsern, sondern nur aus denjenigen, die durch Designerhände

gegangen sind. Der Kaffee kommt aus einer Saeco-, besser Jura- und noch besser DeLonghi-Maschine. Man weiß um die Macht der Marke – wen interessiert es dabei schon, dass alle gemahlenen Bohnen in diesen Maschinen gleich schmecken. Aber man möchte halt das Beste vom Besten!

Wenn Sie Status und Prestige im Beruf leben möchten, passt die Kultur des machtorientierten Lifestyle-Unternehmens zu Ihnen.

WIR-Werte

Familie und Lebensqualität

Möchten Sie Zeit mit Ihrer Familie verbringen und ist Ihnen ein Work-Life-Balance-System wichtig? Spielt es bei Ihnen eine große Rolle, neben der Arbeit auch ein möglichst ausgewogenes Leben zu führen?

Dann kommen die Unternehmenstypen I, IV und V als potenzielle Arbeitgeber infrage.

Wie mehrfach schon erwähnt, möchte Sie der Firmeninhaber von Unternehmenstyp I als Mitarbeiter halten und ist daher nicht daran interessiert, dass Sie sich kaputtarbeiten. Da er selbst hin und wieder über seine Familie berichtet und die Kinder und Ehefrau vielleicht sogar in der Firma mitarbeiten, weiß er, wie bedeutend das Thema Privatleben für die Ausgeglichenheit eines Menschen sein kann. Sie werden daher gute Möglichkeiten haben, sich neben dem Job auch mit ausreichend Zeit der Familie zu widmen.

Ähnlich verhält es sich mit dem Kulturtyp IV. Auch in diesen Unternehmen bleiben die Mitarbeiter für viele Jahre, wenn nicht sogar für immer. Es gibt Arbeitsphasen, da kann man nicht um 17.00 oder 18.00 Uhr pünktlich Feierabend machen. Aber das wird in den meisten Fällen die Ausnahme sein. Geht man um 17.30 Uhr über die Flure eines sich selbst verwaltenden Unternehmens, kommt man sich oft wie in einer Geisterstadt vor. Die meisten Mitarbeiter haben dann bereits den Feierabend eingeläutet.

Das Thema Lebensqualität wird auch beim Kulturtyp V großgeschrieben. Es wäre nicht authentisch, wenn das Unternehmen zwar für Verbesserungen steht – gerade im Bereich gesünderes Leben –, aber selbst nicht darauf achtet. Und trotzdem sollten Sie auch hier sehr kritisch sein. Es gibt Firmen, in denen die Mitarbeiter nach außen mit großen innovativen Ideen und Zielen aufwarten, selbst aber gar nicht in der Lage sind, das Thema für sich umzusetzen.

Wenn Ihnen die Werte Familie und Lebensqualität besonders wichtig sind, kommen die Unternehmenskulturen I, IV und V für Sie in Betracht.

Harmonie

Wenn Sie merken, dass eine gewisse Harmonie in Ihrem Arbeitsleben für Sie wichtig ist, dann sollten Sie auf keinen Fall Ihr Glück in einem jungen und dynamischen oder machtorientierten Unternehmen suchen. Geeigneter ist für Sie das inhabergeführte Unternehmen oder auch das sich selbst verwaltende. Warum gerade diese beiden Typen?

Die Kultur des inhabergeführten Unternehmens ist gewachsen und geht mit kontinuierlichen und kontrollierten Schritten voran. Hier zählt nicht das Ergebnis der Sprintstrecke, von Ihnen wird der berufliche Marathon erwartet. Damit Sie diesen bewältigen können, brauchen Sie Kontinuität. Da alles mehr oder weniger seine wenn auch manchmal fragliche Ordnung hat und man gemeinsam das Langstreckenziel verfolgen möchte, herrscht in diesen Firmen oftmals ein ruhiges Grundklima. Sicher nicht zu Messezeiten oder bei anderen kräftezehrenden Ereignissen, das ist aber nicht der Normalfall.

Das sich selbst verwaltende Unternehmen hat sich seinen Platz am Markt gesichert. Es verkörpert eine Marke und hat eine gewisse Größe und Bekanntheit, die nicht gleich morgen verschwunden sein werden. Der Bestand an Kunden etc. wird gehalten und verwaltet. Wenn nicht große Einbrüche erfolgen, herrscht auch hier eine gewisse Ruhe. Damit ist nicht gemeint, dass die Mitarbeiter tagsüber in ihren Büros in der Hängematte liegen, einen Drink schlürfen und das Leben genießen. Das Klima ist aber nicht hektisch, und keiner läuft in hohem Tempo über den Flur. Alles geht seinen gemächlichen Gang, mit den einen oder anderen kurzfristigen Abweichungen.

Harmonie finden Sie vor allem im beruflichen Umfeld des inhabergeführten und des sich selbst verwaltenden Unternehmens. Aber auch hier kann durch Verkauf, Börsengang, Restrukturierung etc. das Klima schnell in eine andere Richtung kippen.

Beziehungen

Ist es ein wichtiger Wert für Sie, Beziehungen einzugehen, mit anderen Menschen etwas zu teilen und sich in ein Team einbringen zu können? Dann passen die Kulturen der Unternehmenstypen I, IV und V.

Das inhabergeführte Unternehmen integriert Sie in die Firmenfamilie. Somit sind Sie gleichzeitig ein Teil des dortigen Teams. Das Firmensystem basiert auf dem Motto »Einer für alle, alle für einen«, daher ist Beziehungsmanagement ein wichtiges Thema.

Im sich selbst verwaltenden Unternehmen herrscht wenig(er) Konkurrenz. Da die Mitarbeiter nicht nur an das eigene Weiterkommen und die Vergrößerung ihrer Macht denken, bleibt auch Zeit, sich miteinander zu beschäftigen und in Kontakt zu treten. Sie sind in erster Linie Kollege und kein Nebenbuhler!

Die Etablierung eines neuen Produkts oder einer Dienstleistung in einer Nische setzt gute Zusammenarbeit voraus. Aus diesem Grund bestehen hohe Chancen, dass Sie auch im politisch korrekten Unternehmen eine Unternehmenskultur finden, in der Beziehungen eine wichtige Rolle spielen.

Beachten Sie aber auch bei diesen Unternehmenstypen, dass es immer den einen oder anderen Mitarbeiter gibt, der (plötzlich) Lust an Machtgewinn findet und Beziehungen und Informationen missbraucht.

Gute Beziehungen sind vor allem bei den Unternehmenstypen I, IV und V von Bedeutung. Achtung: Es gibt auch dort Kollegen, die versuchen, mithilfe von Informationen und Beziehungen an die Spitze zu gelangen.

SICHERHEITS-Werte

Ordnung

Wo finden Sie Ordnung, klare Strukturen und Vorgaben? Einen Arbeitsalltag ohne Chaos und unvorhergesehene Überraschungen?

Auf jeden Fall bei den Typen I und IV, je nach Größe und Struktur auch bei Typ III. Das inhabergeführte Unternehmen existiert seit vielen Generationen und ist eher veränderungsresistent. Strukturen haben sich im Laufe der Zeit aufgebaut und werden weitergegeben. Das muss aber keinesfalls bedeuten, dass diese Strukturen sinnvoll sind. Es gibt einige Mitarbeiter, die irgendwann in die Privatisierung gehen und ihre eigene kleine Bastion errichten.

In diesem Zusammenhang erinnere ich mich an ein inhabergeführtes Unternehmen, in dem ich als Beraterin tätig war. Die Mitarbeiter schotteten sich, so gut es ging, davor ab, die Prozesse und Strukturen in ihrem Arbeitsbereich offenzulegen. Nach und nach traten aber die ersten Informationen zutage. Und eine interessante und auch überraschende Erkenntnis war, dass das Unternehmen nicht mit einer zentralen Datenbank arbeitete, sondern jeder Mitarbeiter mit seinem bevorzugten Programm eine eigene Aufstellung pflegte. So wurden untereinander keine Kundendaten ausgetauscht, da jeder sich auf einem anderen Stand befand.

Zum Teil ähnlich, aber dann doch wieder anders ist es bei dem sich selbst verwaltenden Unternehmen. Auch hier sind Strukturen und Prozesse kontinuierlich gewachsen. Da die Firma eine gewisse Größe aufweist, ist eine gute Verwaltung essenziell. Ohne klare Regeln und eine gewisse Grundordnung würde Chaos herrschen. Aber auch hier lauert die Gefahr, dass sich die Mitarbeiter ihre eigenen kleinen Insellösungen schaffen. Das sich selbst verwaltende Unternehmen trägt diesen Namen ja auch nicht ohne Grund.

Je nach Größe und Etablierung verfügt auch das machtorientierte Lifestyle-Unternehmen über eine interne Ordnung. Hier gibt es ebenfalls bestimmte Regeln, nach denen man die Geschäfte abwickelt. Da aber vor allem das Thema Macht im Mittelpunkt steht, kann es passieren, dass nicht alle Mitarbeiter diese Regeln auch immer einhalten. Sie nehmen Abkürzungen oder gehen eigene Wege, um sich von der Masse abzuheben und sich besser zu platzieren.

Ordnung finden Sie in den Kulturen der Unternehmenstypen I und IV, vielleicht auch bei Typ III.

Beständigkeit

Heute ist es vielen Menschen wichtig, einen sicheren Arbeitsplatz zu haben. Wenn Sie nicht gerade verbeamtet sind, ist dieser Wunsch auch aufgrund der wirtschaftlichen Situation der letzten Jahre nicht einfach zu erfüllen. Selbst große, gewachsene Unternehmen können z. B. durch Verkauf kurzfristig einen kompletten Wandel durchlaufen, der leider oft mit Kündigungen einhergeht. Auch wenn sich die Frage, wo Sie Sicherheit und Stabilität (ebenso unter finanziellen Gesichtspunkten) finden können, nicht pauschal beantworten lässt, sind die Chancen hierfür bei den Unternehmenstypen I und IV am größten.

Junge und dynamische Unternehmen können schnell vom Horizont verschwinden, das haben wir gerade in der Zeit der New Economy erlebt. Politisch korrekte Firmen laufen Gefahr, sich nicht am Markt etablieren zu können. Und machtorientierte Lifestyle-Unternehmen sind zwar nicht von heute auf morgen verschwunden, restrukturieren aber gerne mit externen Beratungsfirmen um oder verlegen plötzlich wichtige Einheiten ins Ausland. Und das ist meistens mit dem Verlust von Arbeitsplätzen verbunden. Wie sonst soll ein Vorstand in drei Jahren gute Ergebnisse bringen und höhere Renditen erwirtschaften, wenn er nicht den größten Kostenblock, das Personal, kurzfristig abbaut?! Jeder weiß darum, und spätestens wenn der Vorstand mit positiven Ergebnissen das Unternehmen verlässt und in einer neuen Firma den nächsten Karrieresprung macht, fehlen viele dieser entlassenen Mitarbeiter, und man stellt wieder neue ein. Also hier setzen Sie auf das falsche Pferd, wenn es um Beständigkeit, Sicherheit und Stabilität geht.

Das inhabergeführte Unternehmen ist, wie mehrfach erwähnt, auf Dauer angelegt. Es ist das Lebenswerk und Familienerbe, das nicht leichtfertig aufs Spiel gesetzt wird. Der Inhaber ist seinen Ahnen und auch seinen Kindern verpflichtet, das »Firmenbaby« weiterzuführen. Insofern wird er nicht schlagartig Stellen streichen, schon gar nicht, weil er mit seinen Mitarbeitern emotional verbunden ist.

Das sich selbst verwaltende Unternehmen ist nicht auf ständigen Wechsel angelegt, weder in den Strukturen noch bei den Mitarbeitern. Stabilität, Kontinuität und Solidität kann man nur dann verkörpern, wenn man Mitarbeiter hat, die das Geschäft kennen und auf die man sich verlassen kann bzw. die zumindest in ihren Leistungen oder auch Nichtleistungen einschätzbar sind. Daher müssen Sie auch hier nicht jeden Tag mit einer möglichen Kündigung rechnen, weil sich das Unternehmen quasi über Nacht eine neue Strategie überlegt hat.

Beständigkeit finden Sie besonders bei den Unternehmenstypen I und IV.

Ehre

Haben Sie festgestellt, dass es Ihnen sehr wichtig ist, sich integer zu verhalten, und dass Sie die Meinungen anderer gerne berücksichtigen? Dann sind Sie am besten in den Kulturen der Unternehmenstypen I, IV und V aufgehoben. Warum?

Die langfristige, loyale Zusammenarbeit in einem inhabergeführten Unternehmen basiert auf gegenseitigem Vertrauen. Hier gibt es einen Ehrenkodex, wie Geschäfte gemacht werden. Ein Beispiel ist der Hamburger Kaufmannsschlag, mit dem sich in die Hand versprochen wird, ein Geschäft miteinander abzuschließen.

Ich kenne sich selbst verwaltende Unternehmen, die in weiten Bereichen ehrlich agieren, solide und seriös arbeiten. Aber es gibt auch solche, bei denen intern starke Korruption und Schieberei vorkommen und die sich scheinbar eine Art eigene Mafia leisten. Natürlich nicht mit Zustimmung des obersten Managements – es sei denn, auch diese Herren sind mittlerweile der Firmenmafia beigetreten.

Im politisch korrekten Unternehmen wird ein bestimmter Ehrbegriff ebenfalls hochgehalten. Ehre und korrektes, aufrichtiges Verhalten gehen häufig mit Idealismus einher, und das ist dort mehr als woanders vorhanden. Aber auch hier müssen Sie vorsichtig sein. Es ist immer sinnvoll, sich so weit wie möglich die internen Strukturen anzusehen. Denn wenn es in diesem Unternehmenstyp darum geht, fremde Fördergelder zu bekommen, dann kann es sein, dass ein ehrenhaftes und korrektes Verhalten kaum mehr vorhanden ist.

Sie sollten sich mit den Unternehmenskulturen der Typen I, IV und V beschäftigen, wenn Sie merken, dass Ihnen Ehre wichtig ist.

Seien Sie aber nicht zu idealistisch. Selbst wenn sich die Unternehmen anfänglich vornehmen, nur integere Geschäfte durchzuführen, merken sie manchmal, dass ein zu stark ausgeprägtes Ehrgefühl auch Nachteile mit sich bringen kann. Fördergelder werden nicht allein deshalb gezahlt, weil ein Unternehmen eine gute Idee hat, die zu unterstützen ist, sondern weil der Antragsteller möglicherweise in den richtigen Netzwerken mitmischt oder Entscheider geschmiert hat.

ABENTEUER-Werte

Unabhängigkeit

Vielleicht taucht unter Ihren drei wichtigsten Werten auch die Unabhängigkeit auf. Dann sollten Sie sich Firmen vom Typ II oder V genauer anschauen. Das junge und dynamische Unternehmen befindet sich noch im Aufbau. Die meisten Mitarbeiter sind in den Zwanzigern. Es geht für viele erst einmal darum, sich auszuprobieren, erste Schritte im Beruf zu gehen. In der Regel hat noch keiner eine eigene Familie oder sonstige Verpflichtungen. Die Firma ist noch nicht fest etabliert und verankert, der Weg auch noch nicht klar vorgegeben. Neugier, sich auszuprobieren, und Flexibilität sind gewollt und gefragt. Wo sonst können Sie besser Ihre Unabhängigkeit leben? Eine weitere Möglichkeit wäre es, über eine Selbstständigkeit nachzudenken. Auch dort haben Sie die Möglichkeit, sich etwas Eigenes aufzubauen und Ihre eigenen Regeln zu definieren. Allerdings sollte das nicht darüber hinwegtäuschen, dass Sie natürlich nicht komplett unabhängig sind. Sie haben Verpflichtungen, die einzuhalten sind.

Auch das politisch korrekte Unternehmen wird Unabhängigkeit per se als Wert ansehen. Schon allein aufgrund der Tatsache, dass es keinen stromlinienförmigen Weg geht. Es will sich für ein Minderheitenthema, welcher Art auch immer, in einem Nischenmarkt einsetzen. Um das zu tun, gehört innerlich schon eine große Portion gefühlter Unabhängigkeit dazu.

Unabhängigkeit können Sie besonders gut in jung-dynamischen oder politisch korrekten Unternehmen leben. Natürlich immer mit der Einschränkung, dass Sie in jedem System auch gewisse Regeln vorfinden, an die Sie sich zu halten haben. Wenn Ihnen dieser Wert wichtig ist, dann sollten Sie auch über eine Selbstständigkeit nachdenken.

Neugier

Sie sind ein neugieriger und aufgeschlossener Mensch und möchten sich ausprobieren? Dann könnten die Unternehmenstypen II und V für Sie passend sein. Diese Firmen haben eines gemeinsam: Es bestehen, zumindest anfänglich, keine klaren und starren Strukturen. Und wenn es Regeln gibt, sind sie immer wieder flexibel zu handhaben. Anders können diese Firmen und Systeme gar nicht überleben. Hinzu kommt, dass sich diese Unternehmen erst einmal etablieren müssen. Das jung-dynamische Unternehmen, weil es noch jung und unerfahren ist, und das politisch korrekte, weil es in einem Nischenbereich tätig ist. Daher können es sich beide kaum leisten, Mitarbeiter zu beschäftigen, die nur ihre vorgegebene Arbeit tun. Sie sind auf Leute angewiesen, die neue Ideen einbringen und immer wieder Bestehendes infrage stellen, die den Mut haben, auch nach rechts und links zu schauen, und die Firma von ihren Erfahrungen profitieren lassen.

> **Sollte es Ihnen wichtig sein, immer wieder Neues zu lernen und auch mal über den Tellerrand hinauszuschauen, passen die Kulturen der Unternehmenstypen II und V besonders gut zu Ihnen.**

Idealismus

Jung-dynamische Unternehmen gehen ganz sicher mit einer großen Portion Idealismus ans Werk. Sie sind voller Tatendrang, Energie und guten Ideen. Rückschläge und schwierige Zeiten sind entweder noch nicht erlebt worden oder die Mitarbeiter können diese aufgrund ihres jungen Alters und der großen Begeisterung leicht wegstecken. Es gibt vielleicht noch keine Private-Equity-Gesellschaft oder keinen internationalen Geldgeber, der die Entscheidungsfreiheit des Unternehmens kappt. Insofern geht man hier noch davon aus, dass man durch harte Arbeit, Fleiß und die nötige Pfiffigkeit alles erreichen kann.

Das politisch korrekte Unternehmen glaubt an eine bestimmte Sache oder einfach daran, bestehende Verhältnisse verändern und verbessern zu können. Man konstruiert vielleicht sogar eine eigene Firmenwelt, die man nach innen und nach außen leben möchte. Gesunder Idealismus ist hilfreich, neue Wege zu gehen. Gleitet er allerdings ab und werden Traumschlösser gebaut, die in unserem Wirtschaftssystem keine Chance auf Überleben haben, wird es destruktiv. Auch hier sollten Sie genau überprüfen, ob die idealistischen Vorstellungen erfolgversprechend sind oder ob die Ideen vermutlich bald wieder beerdigt werden müssen.

Idealismus finden Sie vielfach in der Unternehmens-DNA II und V.

Sie konnten anhand der Darstellung hoffentlich für sich herausfinden, welche Unternehmenskultur für Sie passend ist und Ihre beruflichen Werte besonders unterstützt. Notieren Sie bitte an dieser Stelle das Ergebnis. Sie müssen sich hier nicht für *eine* Unternehmenskultur entscheiden. Vielleicht kommen auch mehrere in Betracht. Und bedenken Sie, parallel zur Unternehmenskultur sollten Sie auch immer überprüfen, wie die Kultur in der Abteilung aussieht, in der Sie tätig sein werden.

Fit I: Unternehmens-
kultur, die zu meinen
Werten passt:

Fit II: Unternehmensstrategie und berufliche Ziele

Die Unternehmenskultur ist nur *ein* Bestandteil der Unternehmens-DNA. Wir müssen auch überprüfen, welche Unternehmensstrategie besonders gut zu Ihren beruflichen Zielen passt. Notieren Sie dazu bitte noch einmal Ihre zwei wichtigsten beruflichen Ziele, die Sie sich in Kapitel 3 erarbeitet haben.

Ziel 1:

Ziel 2:

Sicherer Arbeitsplatz

Zu diesem beruflichen Ziel, das häufig auch mit den Werten Ordnung und Beständigkeit einhergeht, passt die Unternehmensstrategie des inhabergeführten Unternehmens, das Sie binden möchte und Ihnen damit auch einen sicheren Arbeitsplatz bietet. Auch das sich selbst verwaltende Unternehmen möchte Sie halten. Damit will es erreichen, dass Sie Ihren Teil zum Erfolg im mechanischen System beitragen. Sie sehen also, dass es Firmentypen gibt, die durchaus daran interessiert sind, Ihrem Ziel eines sicheren Arbeitsplatzes nachzukommen.

Das Ziel eines sicheren Arbeitsplatzes wird durch die Unternehmensstrategien des inhabergeführten und sich selbst verwaltenden Unternehmens gestützt.

Selbstverwirklichung
(sich für bestimmte Werte einsetzen)

Wenn Sie zu dem Ergebnis gekommen sind, dass Ihr berufliches Ziel die Selbstverwirklichung ist, dann passt die Unternehmensstrategie der Typen II und V besonders gut zu Ihnen.

Oder Sie überlegen, sich selbstständig zu machen und eine eigene Firma aufzubauen.

Eines der strategischen Hauptprogramme des jung-dynamischen Unternehmens ist es, den Mitarbeitern zu ermöglichen, sich für etwas einzubringen und einzusetzen und womöglich auch etwas Eigenes zu verantworten. Das politisch korrekte Unternehmen verspricht darüber hinaus, dass Sie sich für einen höheren Wert engagieren dürfen, der vielleicht sogar einen Lebenssinn für Sie darstellt.

Selbstverwirklichung als Ziel finden Sie in der Unternehmens-DNA II und V.

Karriere

Eine klassische Karriere, mit allem was dazugehört, können Sie am ehesten mit der Unternehmensstrategie des machtorientierten Lifestyle-Unternehmens verwirklichen. Denn hier geht es erst einmal um nichts anderes, als machtvoller und reicher zu werden! Die Strukturen und auch Systeme sind darauf angelegt, Karrieristen auf ihrem Weg zu unterstützen und ihnen die Möglichkeit zu geben, den nächsten Schritt zu gehen. Durch ausgeklügelte Anreizsysteme und Aus- und Weiterbildungen versuchen diese Unternehmen, die Besten auf dem Markt anzulocken und zu halten.

Zum beruflichen Ziel Karriere passt die Unternehmensstrategie des machtorientierten Lifestyle-Unternehmens.

Menschliche Arbeitsatmosphäre

Zu diesem beruflichen Ziel passt am allerwenigsten die Unternehmensstrategie von machtorientierten Unternehmen, das liegt klar auf der Hand. Hauen und Stechen lässt sich kaum mit einem guten, menschlichen Umgang vereinbaren.

Passend zu diesem Ziel könnte aber die Strategie des inhabergeführten Unternehmens sein. Wenn auch nicht ganz uneigennützig, wird Ihnen hier eine menschliche Arbeitsatmosphäre geboten.

Auch das sich selbst verwaltende Unternehmen kommt infrage, dessen Unternehmensstrategie aber vor allem darauf abzielt, keine große Transparenz und Kommunikation aufzubauen. Typ V könnte ebenfalls passen. Gemeinsam für einen höheren Sinn zu kämpfen, der vielleicht auch eine Art Berufung darstellt, bringt mit sich, dass man sich auch auf einer persönlichen, menschlichen Ebene näherkommt.

Eine menschliche Arbeitsatmosphäre finden Sie am häufigsten in den Unternehmenstypen I, IV und V.

Intellektuelle Herausforderung

Wenn Sie nach intellektueller Herausforderung streben, sind Sie im inhabergeführten Unternehmen weniger gut aufgehoben, da dort wenig umgedacht wird und meistens alles beim Alten bleibt. Auch das sich selbst verwaltende Unternehmen ist klassischerweise nicht daran interessiert, großartige Innovationen durchzusetzen. Und wenn Sie es dennoch wagen, in diese Richtung vorzustoßen, werden Sie im schlechtesten Fall monatelang dafür kämpfen, die Neuerung endlich umsetzen zu dürfen.

Die Unternehmensstrategien des jung-dynamischen, des machtorientierten und des politisch korrekten Unternehmens fordern Sie dagegen geradezu dazu auf, sich einzubringen. Alle drei Typen möchten sich mit innovativen Ideen hervorheben. Dazu benötigt man mitdenkende, kreative Mitarbeiter, die diese Herausforderung annehmen.

Intellektuelle Herausforderung geht einher mit der Strategie der Unternehmenstypen II, III und V.

Work-Life-Balance

Das Ziel der Work-Life-Balance ist am wenigsten in der Unternehmensstrategie eines machtorientierten Lifestyle-Unternehmens verankert, genauso wenig wie in der eines jungen und dynamischen Teams. Es gibt in diesen Kulturen so gut wie keine Freizeit, interessanterweise vermissen sie auch nur die wenigsten Mitarbeiter – zumindest eine Zeit lang.

Gute Chancen auf eine ausgewogene Work-Life-Balance haben Sie aber in inhabergeführten und sich selbst verwaltenden Unternehmen.

Zu dem Ziel, einen guten Ausgleich zwischen Privatem und Beruf zu finden, passen die Strategien von inhabergeführten und sich selbst verwaltenden Unternehmen.

Reisen

Die Möglichkeit, zu reisen, hängt ganz von den Geschäftsmodellen und Bereichen der Unternehmen ab, und natürlich auch von Ihrer Position. Wenn Sie im Vertrieb tätig sind, werden Sie in jedem Unternehmenstyp reisen können.

Das berufliche Ziel des Reisens hängt weniger von einer bestimmten Unternehmensstrategie, sondern vielmehr von Ihrer beruflichen Tätigkeit ab.

Fit II: Unternehmens-
strategie, die zu
meinen Zielen passt:

Nachdem wir jetzt auch geklärt haben, welche Unternehmensstrategie Ihre beruflichen Ziele unterstützt, gilt es im letzten Schritt, zu klären, welche berufliche Position besonders gut zu Ihrer beruflichen Rolle passt.

Welche Unternehmens-DNA passt zu meiner Karriere-DNA?

Fit III: Position und berufliche Rolle(n)

Es ist sehr wichtig, dass die Ihnen angebotene berufliche Position auch zu der Rolle passt, die Sie ausüben möchten. Ein Unternehmer im Unternehmen wird sicher nicht in der Position eines angestellten Buchhalters glücklich werden. Ein introvertierter Denker auch nicht in der Position eines Vertriebsleiters. Ob die Position zu Ihrer Rolle passt, hängt daher weniger von der Unternehmens-DNA, sondern vielmehr von Ihrer beruflichen Tätigkeit ab. Das haben wir in den vorherigen Kapiteln bereits festgestellt.

Notieren Sie bitte noch einmal Ihre zwei wichtigsten beruflichen Rollen, die Sie sich in Kapitel 3 erarbeitet haben.

Rolle 1:

Rolle 2:

Der Unternehmer im Unternehmen

Tendenziell passt die Rolle des Unternehmers im Unternehmen eher in eine inhabergeführte Firma, wo viel *hands-on* gearbeitet wird, oder in ein junges, dynamisches Team. Aber auch das machtorientierte Lifestyle-Unternehmen kann diesen Mitarbeitertyp gut gebrauchen. Zu einem Unternehmer im Unternehmen passt das sich selbst verwaltende Unternehmen dagegen nur in gewissen Positionen. Und im politisch korrekten Unternehmen hängt es sehr von der Struktur und Größe ab, ob diese Rolle gelebt werden kann. Gehen wir daher besser eine Auswahl von beruflichen Positionen durch, die die Rolle des Unternehmers im Unternehmen fordern. Passen würden folgende:

- **Firmeninhaber**
- **Vorstand oder Geschäftsführer**
- **Bereichs-, Abteilungs-, Gruppen- oder Teamleiter (unabhängig vom Bereich)**

- Vertrieb
- Marketing
- Einkauf
- Rechtsabteilung
- Sekretariat
- Controlling

Diese Positionen haben eins gemeinsam: Sie haben hier die Aufgabe, gewisse Bereiche im Unternehmen nicht nur zu verwalten, sondern selbst zu gestalten. Daher sind dort unternehmerische Ansätze besonders gefragt und gern gesehen.

Der Politiker

- Vorstand oder Geschäftsführer
- Bereichs-, Abteilungs-, Gruppen- oder Teamleiter (unabhängig vom Bereich)
- Compliance
- Vertrieb
- Marketing
- PR

Politische Fähigkeiten sind bei Mitarbeitern gefragt, die sich gut verkaufen und darstellen müssen, sowohl in- als auch extern, und die zum Teil heikle Ergebnisse kommunizieren und vertreten müssen.

Der Bürokrat

- Buchhaltung
- Controlling
- Justiziar
- Verwaltungsangestellter
- Datenerfassung

Hierbei handelt es sich um Positionen, bei denen es vor allem auf akkurates und fehlerfreies Abarbeiten ankommt.

Der Innovationsgeber

- Firmeninhaber
- Vorstand oder Geschäftsführer
- Bereichs-, Abteilungs-, Gruppen- oder Teamleiter (unabhängig vom Bereich)
- Vertrieb
- Marketing
- Einkauf
- Rechtsabteilung
- Controlling

Im Grunde ist diese Darstellung fast ein Spiegelbild der Aufzählung von Positionen, die auch der Unternehmer im Unternehmen bekleiden könnte. Das ist nicht weiter verwunderlich, da man am Unternehmer im Unternehmen besonders den innovativen Charakter schätzt.

Der introvertierte Denker

- Techniker
- Finanzvorstand
- Buchhaltung
- Justiziar
- Controlling

In Positionen, in denen es unbedingt darauf ankommt, dass die Zahlen, Daten und Fakten stimmen und mögliche Probleme behoben werden, braucht man introvertierte Denker. Ihr Job ist es, nach innen zu arbeiten und sich nicht nach außen darzustellen.

Der Bedenkenträger

- Techniker
- Finanzvorstand
- Buchhaltung
- Justiziar
- Controlling

Beinahe ein Abbild zu den Positionen vom introvertierten Denker findet sich beim Bedenkenträger. Dieser bringt Probleme auf den Punkt und wagt es, bestehende Abläufe und schnelle Ideen auf Risiken zu analysieren. Er ist wertvoll und besonders wichtig, wenn es um wesentliche Entscheidungen geht, die das Unternehmen viel Geld kosten könnten.

Der Revolutionär

- Firmeninhaber
- Vorstand oder Geschäftsführer
- Vertrieb
- Marketing
- Technik/Forschung
- Künstler

Die Position des Revolutionärs ist mit Vorsicht zu genießen. Er ist ein sehr kreativer Kopf, der oft auch übers Ziel hinausschießt. Häufig wirft er in letzter Minute Entscheidungen und Prozesse komplett um. Das kann sehr wertvoll sein – man muss es sich aber auch leisten können.

Fit III: Position, die zu
meiner Rolle passt:

So, es ist geschafft – wenn wir richtig gearbeitet haben, dann müssten Sie jetzt das folgende Bild leicht vervollständigen können:

Mein berufliches Glück

Meine Karriere-DNA	Unternehmens-DNA
Meine beruflichen Werte	Kultur
Meine beruflichen Ziele	Strategie
Meine Rolle(n)	Position

Fit III: Position und berufliche Rolle(n)

6. KAPITEL

Die nächsten Schritte zu meinem beruflichen Glück

Sie wissen jetzt, was Sie wollen. Nun geht es darum, dieses Wissen in Handlungen umzusetzen.

1. Kopieren Sie die letzte vollständige Übersicht zu Ihrem beruflichen Glück, natürlich nachdem Sie Ihre Ergebnisse eingetragen haben.

2. Hängen Sie diese Kopie an einer Stelle in Ihrer Wohnung auf, an der sie für Sie jeden Tag gut sichtbar ist (z. B. an der Pinnwand in der Küche oder im Arbeitszimmer).

3. Lassen Sie sie dort eine Woche hängen und gucken Sie sich das Ergebnis jeden Morgen und jeden Abend kurz einmal an. Lassen Sie es sacken und beobachten Sie, ob Ihr Inneres das Ergebnis immer wieder abnickt oder ob es Veto einlegt.

4. Für den Fall, dass Sie merken, irgendein Teil von Ihnen sträubt sich gegen das Resultat oder zweifelt es sogar an, steigen Sie in eine nochmalige Prüfung anhand des Buches ein.

5. Wenn Sie zu dem – eventuell überarbeiteten – Ergebnis stehen und merken, ja, das ist für Sie so richtig, dann gehen Sie an die weitere Umsetzung.

Umsetzungsplan A

Der Umsetzungsplan A ist für diejenigen unter Ihnen, die gerade auf der Suche nach dem ersten Job sind bzw. für die feststeht, sich in einem anderen Unternehmen zu bewerben.

Da Sie zurzeit beruflich nicht gebunden sind oder aber die klare Entscheidung getroffen haben, dass Sie sich in einem anderen Unternehmen bewerben wollen, steht Ihnen der Weg nach vorn offen. Das ist erst einmal ein großer Vorteil, denn Sie müssen sich nicht mehr mit dem Thema Gehen oder Bleiben beschäftigen. Trotzdem gibt es jetzt einiges für Sie zu tun.

Sie wissen, welche beruflichen Werte Sie leben möchten, welche Ziele Sie verfolgen und welche Rolle Ihnen liegt, daher sind Sie schon viel weiter als die meisten anderen Menschen. Nun gilt es aber auch, sich der Verantwortung zu stellen und ein dazu passendes Unternehmen und Tätigkeitsfeld zu finden. Denn Sie wissen ja, beruflich glücklich und zufrieden können Sie nur dann werden, wenn Ihre Karriere-DNA mit der entsprechenden Unternehmens-DNA übereinstimmt.

Sie sollten sich jetzt mit Ihrer Bewerbungsstrategie beschäftigen, besser gesagt, Sie müssen sie sich erst erarbeiten. Das tun wir gemeinsam.

1. Vorbereitung

Sie wissen, in welcher Unternehmenskultur Sie mit Ihren beruflichen Werten zu Hause sind. Also gilt es zunächst, eine Vorauswahl der Firmen zu treffen, an die es sich für Sie überhaupt lohnt, heranzutreten. Sicher ist es nicht bei jedem Unternehmen möglich, ohne vorheriges Gespräch und Probearbeitszeit beurteilen zu können, um welchen Unternehmenstyp und um welche Kultur es sich genau handelt. Wenn Sie aber sorgfältig recherchieren, haben Sie schon im Vorfeld viele Informationen und Fakten, die nur den einen oder anderen Schluss zulassen.

Noch einmal der Hinweis: Sie müssen sich die Unternehmenskultur suchen, die zu Ihren beruflichen Werten passt. Welche war das gleich noch mal? Vielleicht schwanken Sie zwischen einem, zwei oder auch mehreren Kulturtypen – kein Problem. Dann notieren Sie diejenigen, die für Sie infrage kommen.

Wie und wo sammeln Sie Daten zum Kulturtyp eines Unternehmens?

Vielleicht haben Sie schon eine Liste von Unternehmen, die Sie interessieren. Wenn nicht, dann erstellen Sie eine. Das können Sie nach verschiedenen Kriterien tun: Stadt, Branche oder Größe sind z. B. geeignete Parameter. Wir gehen jetzt einfach einmal davon aus, dass Sie mindestens zehn Unternehmen auf einem Blatt Papier stehen haben, die Ihnen attraktiv erscheinen.

Nun gilt es, zu überprüfen, ob diese Unternehmen auch eine Kultur verkörpern, die zu Ihnen passt. Nutzen Sie als Informationsquelle die Internetseite, Presseberichte, Unternehmensbroschüren, Gespräche mit Leuten, die dort arbeiten, Anzeigen, Marketingkampagnen und Stellenausschreibungen. Wenn Sie entsprechendes Material gesammelt haben, dann ordnen Sie die Unternehmen einem Kulturtyp zu. Nutzen Sie dafür die Kriterien, die wir bei der Untersuchung der Unternehmenstypen definiert haben.

Arbeiten Sie nur mit den Firmen weiter, deren Unternehmenskultur Ihnen nach erster Einschätzung passend erscheint. Wählen Sie fünf davon aus. Diese sind:

Unternehmen 1:

Unternehmen 2:

Unternehmen 3:

Unternehmen 4:

Unternehmen 5:

Die Unternehmenskultur weist im Wesentlichen auf die Unternehmensstrategie hin. Insofern müssen Sie an dieser Stelle keine extra Überprüfung vornehmen. Weitere Informationen hierzu werden Sie auch erst erhalten, wenn Sie Kontakt zu den Interna bekommen.

2. Das Vorstellungsgespräch

Wenn Sie zu einem Gespräch eingeladen werden, dann achten Sie darauf, das Unternehmen bzw. dessen Kultur noch einmal auf Herz und Nieren zu überprüfen. Ich hatte Ihnen in Kapitel 3 verschiedene Kriterien genannt, die die eine oder andere Kultur »verraten«. Versuchen Sie so viel wie möglich wahrzunehmen und auf einem Zettel zu notieren. Hinterfragen Sie, wie die Strukturen der Firma aufgebaut sind und Prozesse ablaufen.

Unternehmenstyp I – das inhabergeführte, werteorientierte Unternehmen

- Internetseite wirkt etwas konservativ, altbacken oder selbst gebastelt
- Inhaber führt das Unternehmen
- Mitarbeiter sind alle zusammen auf einem Foto abgebildet
- Unternehmens- und Familiengeschichte ist dargestellt
- Stellenausschreibung fällt nicht sofort ins Auge – nur kleine Anzeige
- Adresse des Unternehmens im Gewerbegebiet

Unternehmenstyp II – das jung-dynamische Unternehmen

- Professionelle Internetseite
- Nicht alle Mitarbeiter sind mit Foto abgebildet
- Unternehmen sucht viele »Juniors«
- Moderne Farbe und Sprache
- Kein Konzernfeeling
- Adresse eher unscheinbar

Unternehmenstyp III – das machtorientierte Lifestyle-Unternehmen

- Firma gehört zu den bekanntesten Marken und begehrtesten Arbeitgebern
- Perfekte Internetseite
- Adresse in bester Lage
- Attraktives und modernes Gebäude
- Große Stellenanzeige in der Zeitung bzw. über Headhunter geschaltet
- Mehrere Gesellschafter (Anteile an Investoren verkauft, börsennotiert)

Unternehmenstyp IV – das sich selbst verwaltende Unternehmen

- Professionelle – in einigen Bereichen überholungsbedürftige – Internetseite
- Mehr Inhalt als Marketing
- Distanzierte Behördensprache
- Solide Adresse, aber nicht in angesagtester Gegend
- Insgesamt etwas verstaubter Eindruck
- Gesellschafter u. a. Bund und Länder

Unternehmenstyp V – das politisch korrekte Unternehmen

- Stellenausschreibung in Spezialzeitschriften
- Solide Internetseite – aber alles noch etwas unprofessionell
- Gütezeichen etc. auf der Website
- Persönliche, freundliche Ansprache
- Gruppenfoto der Mitarbeiter
- Motto oder Spruch auf der Website

3. Nachbereitung

Nehmen Sie sich nach dem Gespräch noch einmal Zeit, anhand Ihrer gewonnenen Erkenntnisse und Eindrücke, die Kultur zu beschreiben und einzuordnen. Und überprüfen Sie auch, ob die Position, die Ihnen angeboten wird, zu Ihrer bevorzugten Rolle passt.

Kommen Sie auch nach diesem Check zu einem positiven Ergebnis, dann haben Sie das große Glück, den richtigen Arbeitsplatz im richtigen Unternehmen gefunden zu haben. Zumindest haben Sie an dieser Stelle alles getan, was möglich war, um eine solide Überprüfung vorzunehmen. Der letzte Teil wird sich dann im täglichen Arbeiten und Miteinander erschließen.

Umsetzungsplan B

Umsetzungsplan B ist für diejenigen unter Ihnen, die in einem Unternehmen angestellt sind oder als selbstständige Unternehmer arbeiten und nicht glücklich mit ihrer derzeitigen Tätigkeit sind.

Wenn Sie nach der Überprüfung feststellen, dass Unternehmenskultur und -strategie nicht zu Ihren Werten und beruflichen Zielen passen, dann gibt es nur die Möglichkeit, in eine andere Abteilung zu wechseln oder das Unternehmen zu verlassen. Zumindest dann, wenn Sie sich vorgenommen haben, einen Job zu finden, der Sie auch dauerhaft zufrieden macht.

Gibt es im Unternehmen eine Abteilung oder einen Bereich, in dem ich die Kultur finde, die zu meinen Werten passt?

Vielleicht passt die Unternehmenskultur nicht zu Ihren Werten – dafür aber die Kultur einer bestimmten Abteilung innerhalb der Firma. Nicht in jedem Bereich wird konsequent die von oben vorgegebene Kultur gelebt. Es gibt Nischen, die eine ganz eigene Haltung haben und damit gut zurechtkommen. Also, bevor Sie die Flinte ins Korn werfen, lernen Sie andere Abteilungen und Bereiche in Ihrem Unternehmen kennen und überprüfen Sie, ob diese vielleicht besser zu Ihren Vorstellungen und Vorlieben passen. Gerade in großen Konzernen oder Unternehmen, die verschiedene Töchter oder Schwestern haben, kann das oft der Fall sein.

Ein Wechsel im eigenen Unternehmen ist vielfach einfacher, weil Sie die bestehenden Netzwerke kennen und wissen, wo Sie vorsprechen müssen. Daher sollten Sie sich diese Chance auf keinen Fall entgehen lassen. Wenn Sie allerdings zu dem Schluss kommen, dass die Kultur in den anderen Abteilungen auch nicht anders ist – und Ihnen das Firmenkonstrukt generell zuwider ist –, sollten Sie sich wohl oder übel neu orientieren und eine andere berufliche Herausforderung suchen. Dann gilt für Sie das unter Umsetzungsplan A Gesagte.

Ebenso verhält es sich, wenn Sie merken, dass Sie zwar im richtigen kulturellen Umfeld tätig sind, Ihre Rolle aber nicht zu der Position passt, in der Sie gerne tätig sein möchten.

Da es für Ihre berufliche Zufriedenheit genauso wichtig ist, die für Sie richtige Position zu finden, sollten Sie den Mut haben, auch hier einen Wechsel anzugehen. Schauen Sie zunächst in Ihrer eigenen Firma, ob es eventuell möglich ist, eine neue Aufgabe zu übernehmen, die Sie fachlich bewältigen können. Nur wenn das nicht möglich ist, sollten Sie den Wechsel in ein anderes Unternehmen ins Auge fassen.

Danksagung

Ich möchte mich beim Eichborn Verlag, insbesondere bei Thorsten Schulte und Christin Geweke, sowie meinem Literaturagenten Kai Gathemann bedanken, die mich beim Schreiben des Buches unterstützt haben.

Mein besonderer Dank geht an das ISI Institut Hamburg und Paul Grapentin, bei dem ich viel gelernt habe und von dem einiges in das Buch eingeflossen ist.

Literatur

Dillig, Annabel: Bin ich hier richtig? In: NEON, 03/2010, S. 72 ff.

Fuchs, Helmut und Andreas Huber: Die 16 Lebensmotive, München 2002

Gulder, Angelika: Finde den Job, der dich glücklich macht, Frankfurt 2007

Huber, Andreas: Was treibt uns an? In: Psychologie Heute, 03/2001, S. 20 ff.

Kellner, Hedwig: Die Teamlüge. Von der Kunst, den eigenen Weg zu gehen, Frankfurt 1997

Kitz, Volker und Manuel Tusch: Das Frustjobkillerbuch, Frankfurt 2008

Leitl, Michael und Sonja Sackmann: Werte: Unternehmenskultur als Erfolgsfaktor, in: Harvard Business Manager, 01/2010, S. 2 ff.

Ramge, Thomas: Das Ich und die Organisation, in: brand eins, 06/2009, S. 84 ff.

Reiss, Steven: Das Reiss Profile, Offenbach 2009

Register

A

ABENTEUER-Werte 19,
31, 99 ff., 210
Abteilung 28 ff., 58, 60, 72,
136, 157, 172, 200, 212,
229 f.
Abteilungsleiter 20, 80, 151,
168
Analyse, analysieren 9, 13,
27, 113, 126, 161
Anerkennung 19, 21 ff.,
70 f., 83, 91, 169, 200 ff.
Anonymität 25, 130
Applemania 174
Architektur 35, 128, 183 f.
Arbeitsatmosphäre 25, 40 f.,
60, 108, 214 f.
Arbeitsplatz, sicherer 36 f.,
60 f., 64, 105, 213
Aufbaujahre 74 ff., 122f.
Aufstieg 39, 55
Ausbildung 68, 70, 72

B

Backsteingebäude 152, 163
Balance 31, 110
Bank, Privatbank 40, 71,
153
Bankkaufmann 71
Beamte, -r 36, 58
Bedenkenträger 62 ff., 119,
180, 191, 220
Behördensprache 228
Beratung 46
Berufsaustritt 82 f., 122
Berufseinstieg 73 f., 122

Berufsleben 12, 16, 23, 28,
34, 44, 49, 51 f., 83
Berufsstadium 68, 73, 77,
122
Berufswahl 18
Berufung 82, 191, 215
Beständigkeit 19, 28 ff., 70,
72, 97, 143, 146, 177, 179,
207 f.
Bewegung 47, 135
Beziehungen 23, 46, 60,
80, 82 ff., 95, 143 ff., 188,
205 f.
Buchhaltung 58, 144, 218 ff.
Burn-out 43, 177
Bürokrat 55, 58 ff., 62, 116,
180, 191, 218

C

Catering 150, 154, 164, 174,
185, 194
Chef 21 ff., 30, 38, 49, 64,
79, 140, 145 ff., 155, 187
Controlling 20, 58, 218 ff.
Corporate Architecture
128, 173
Corporate Identity 128, 130,
137, 152, 173

D

Dartscheibe 135, 163
Datenschutz 162
Denken, innovatives 42
Denker, introvertierter 55,
61 f., 118, 191, 217, 219
Dorfkultur 129, 149
Dschungelkultur 129, 149
Dynamik 27, 130, 134, 178

■ Meike Müller

Expertin für Auftritts-coaching, lebt und arbeitet in Berlin. Zu ihren Kunden zählen Führungskräfte und zahlreiche Politiker. Als Referentin und Keynote Speaker tritt sie in Unternehmen und auf Veranstaltungen auf.

Die eigenen Potenziale nutzen – ohne innere Blockaden. Wie man seinen inneren Kritiker austrickst, Selbstbewusstsein gewinnt, sich besser motiviert und in jeder Jobsituation einen starken Auftritt hinlegt. Das und noch viel mehr erfahren Sie in diesem Buch von Meike Müller.

176 Seiten, 14,5 x 20,7 cm, Broschur ■■■ ✚ ▬

Best.-Nr. E10471 (April 2011)

€ 14,95 (D) / sFr 23,90 / € 14,95 (A)

ISBN 978-3-86668-482-9

Bestellungen bitte direkt an:
STARK Verlag · Postfach 1852 · D-85318 Freising · Tel. 0180 3 179000*
Fax 0180 3 179001* · www.stark-verlag.de · info@stark-verlag.de
* 9 Cent pro Min. aus dem deutschen Festnetz, Mobilfunk bis 42 Cent pro Min.
Aus dem Mobilfunknetz wählen Sie die Festnetznummer 08167 9573-0